생각이 깊은 아이로 키우는

걷기
여행

생각이
깊은 아이로 키우는

박성원 지음

걷기
여행

21세기북스

아이와의 여행을 시작하며

여행의 목적은 자신만의 감성으로 세상을 만나고 그것을 통해 인생을 다양하고 풍요롭게 사는 데 있다. 부모는 여행을 통해 아이가 자기 삶의 주인이 되어 건강하고 행복한 삶을 꾸려나갈 수 있는 힘을 갖게 되기를 소망한다. 그러나 일반적으로 아이를 대상으로 하는 가족여행이나 단체여행은 아이가 주체가 되지 못하는 경우가 많다. 아이가 주체가 되는 체험여행도 마찬가지다. 마치 숙제하듯이 무언가를 느끼고 배워야 한다는 강박관념에 빠지기 쉽고 기대한 만큼 결과를 얻지 못하면 아이도 엄마도 지치는 것은 물론이고 다음 여행 또한 망설이게 된다. 단순한 재미찾기, 추억 만들기를 넘어 아이와 엄마가 주체가 되어 누리는 특별한 여행은 무엇일까?

지금 알고 있는 걸 그때도 알았더라면

배 속에 있을 때부터 전국을 누비며 여행한 나의 두 아이는 열네 살, 열세 살이 되었다. 아이들과의 여행을 돌이켜보면 반성할 점이 참 많다. 여름이면 물가로, 겨울에는 눈밭으로 데리고 다니며 자연을 누리게 해주었으나, 정작 나는 멀찌감치 떨어져 있었다. 투정 없이 잘 놀고 있는 모습을 보며 내 할 일을 다했다고 여겼는지도 모른다. 지금도 TV에서 멋진 여행지나 오지 마을이 나오면 "저기 갔던 거 기억나? 사진 찍은 것도 있잖아"하고 물으며 아이들의 기억력을 테스트하기에 바쁘다.

나는 후회와 반성으로 새로운 여행을 시작했다. 왜 좀 더 일찍 아이들과 걷기 여행을 하지 않았을까? 유기농 식단을 옆에 두고 인스턴

트식품을 먹인 것처럼 얼굴이 붉어진다.

엄마보다 친구가 더 좋은 나이에 접어든 아이들과 걷기 여행을 하는 것은 쉽지 않았다. 출발부터 힘들었다. 학교 공부가 있고 학원 수업이 있고 그 외 하고 싶고 또 해야 하는 일들 때문에 아이들은 늘 바빴다. 그나마 방학이 되어야 계획을 잡을 수 있었다.

지금 알고 있는 걸 그때도 알았더라면…….

아이가 좀 더 어렸을 때, 아이가 나와 좀 더 많은 시간을 함께 할 수 있었을 때.

아이와의 길 찾기

아이와 걷는 여행은 아이 손을 잡아끌고 하는 것이 아니다. 처음에는 손을 잡고 끌어줘야 하지만, 언젠가는 당신과 나란히 걷고 마침내는 당신을 이끌고 가는 아이의 뒷모습을 흐뭇한 마음으로 보게 될 것이다.

길 위에서 만나는 풍경을 함께 나누고, 지칠 때 서로를 격려하고 의지하며 한 발 한 발 앞으로 나아가는 아이와 엄마.

당신이 그 기쁨의 길 위에 서 있다고 상상하는 이 순간, 나 역시도 가슴이 뛴다. 왜냐하면 스스로 행복을 만들어내는 엄마들이 많은 세상, 그런 곳에서 성장하는 아이들이 많은 세상은 우리 모두가 꿈꾸는 이상적인 세계의 기초가 될 것이기 때문이다.

이 책은 엄마와 아이가 부담 없이 걸을 수 있는 짧은 여행지에서부터 시작하여 1박 2일의 일정, 2박 3일의 일정으로 다녀와야 하는 제법 먼 여행지까지 순차적으로 다루고 있다. 그러나 모두 하나의 예에 물과하다.

나는 다만 엄마와 아이의 다리 힘을 키우는 데 이 책이 활용될 수 있기를 바란다. 그리고 축복과도 같은 세상의 모든 아름다운 길들을 함께 걷기를 바란다.

프롤로그

1부 함께 걸으면 마음이 열린다

2부 손 잡고 걸으며 이야기를 만들자

3부 한 걸음 또 한 걸음에 생각이 자란다

1장 멀리 가보자

2장 행복한 강행군

1부

함께 걸으면
마음이 열린다

내 마음_엄마의 마음을 들여다보자

걷기 여행을 통해 얻어지는 변화

바다로 가는 달팽이

363번 지방도. 경기도 양수리에서 북한강을 거슬러 청평댐으로 이어지는 길 위에 섰을 때. 쨍한 9월의 태양과 보름짜리 배낭 무게에 눌려 시커먼 아스팔트 속으로 녹아들 것 같던 발바닥에 온 신경을 집중하며 타박타박 걸었을 때. 그때는 몰랐다.

20km를 걸은 첫날. 강촌의 썰렁한 민박집에서 발바닥의 물집을 터뜨리며 호들갑을 떨던 밤. 의암호를 끼고 걸으며 막국수집이라도 나타나 인생의 무게와도 같이 온몸을 짓누르는 배낭을 내려놓을 수 있

길 바라던 텅 빈 길 위의 오후. 섬진강 상류로 가는 임실행 버스를 타기 위해 전주시외버스터미널까지 당황하며 뛰어다니던 아침. 그 순간도 나는 여전히 회의하고 있었다.

북한강을 따라서 섬진강을 따라서 무작정 걷기. 대학생 국토순례단도 아니고 마흔을 바라보는 아줌마가 국도를 달리는 운전자들의 따가운 시선을 참아내며 걸어야 하는 이유는 무얼까. 나는 스스로에게 묻고 또 물었다.

섬진강 구곡마을을 걷다가 강 옆 바위에 걸터앉아 푸른 하늘을 떠가는 구름을 바라보았을 때, 강줄기가 바다를 향해 나아가며 몸을 키우는 하동 땅을 걸으며 가랑비에 촉촉이 젖은 길 위로 언뜻언뜻 거울처럼 비치는 내 모습을 보았을 때.

아, 바다로 가는 달팽이. 자기 집(자기 몫의 인생)을 짊어지고 묵묵히 바다(꿈이어도 좋고 생의 마지막이어도 좋고)를 향해 온몸으로 기어가는 (걸어가는 혹은 노력하는) 달팽이(나).

패닉의 노래 〈달팽이〉의 가사처럼 쓸쓸하고 힘겨운 인생을 기꺼이, 내 발바닥을 스스로 찌르며 걷기. 깨달음은 순식간에 마음을 뒤흔들었다. 걸을 수 있어 행복한가? 발바닥에 잡힌 물집이 굳은살이 되어 그렇다고 답한다. 무릎 위로 실하게 잡힌 근육이 그렇다고 답한다.

내 몸이 그렇다고 답한다.

살아 있어 행복한가? 넓게 펼쳐진 하늘이 내 머리를 끄덕이게 한다.

바람이, 나무들이 두 팔을 끌어당긴다.

집을 나서는 일, 배낭을 메고 걷는 이유, 여행을 하는 까닭은 바로
이 건강한 기쁨을 얻기 위함이다.

행복한 달팽이 되기

거짓말처럼, 나는 행복의 비밀을 한 순간에 알아버렸다.

장을 보기 위해 시장까지 걸어가는 일은 걷기 여행과 다르지 않다.

친구들과 만나기 위해 지하철을 타는 것은, 부산으로 가는 KTX를
타는 것과 무엇이 다를까.

아침에서 밤으로 가는 여행, 오늘에서 내일로 가는 여행…… 살아가는
일이 여행과 다르지 않다는 것을 설거지를 하면서도 되새김질한다.

시집의 제목처럼, '지금 알고 있는 걸 그때도 알았더라면'. 마흔 가
까운 나이에 깨달은 행복의 비밀을 나의 아이들은 좀 더 일찍, 세포
하나하나에 새기기를 바란다. 여행을 하듯 즐겁고 행복한 인생을 살
아가길 소망한다.

지난 여행을 반성하며

여행을 빌미로 아이들에게 저지른 만행들

캄캄한 새벽. 해 뜨는 걸 보겠다고 자고 있는 두 아이를 안고 업으며 집을 나서던 어느 겨울날이 생각난다. 새벽 외출의 소란함을 피하려고 전날 밤 잠옷이 아닌 두꺼운 외출복을 입힌 채 잠을 재우며 '요령 있는 엄마'라고 스스로를 칭찬하기까지 했다. 동해 바다로 가는 세 시간 내내 흔들리는 차 안에서 자던 아이들은 해 뜨는 바닷가에서도 잠에 취해 일어나지 못했다.

"애들아~ 일어나 봐. 저기 해 뜬다!"

"여기가 어디야?"

부스스 눈을 뜬 아이들은 잠들었던 저희들 방에서 바다로 공간이동을 한 것에 대해 그저 어리둥절한 반응을 보일 뿐이다. 해가 뜨든 파도가 치든.

해 뜨는 바다 앞에 서고도 아무 감흥이 없는 아이들에게 조바심이 난 나는 한 옥타브 톤을 높여 말을 건넨다.

"우아, 멋지지?"

이제 막 네 살과 다섯 살일 뿐인 아이들에게 나는 한껏 감동을 강요한다.

고만고만한 아이들을 둔 네 명의 엄마들과 의기투합해서 아빠 없이 떠난 일주일간의 제주도 여행.

다섯 살배기 규진은 이틀 연속 이불에 지도를 그린 채 아침에 눈을 떴다.

"낯설고 피곤하면 그럴 수 있지, 뭐."

그때까지 이불을 적신 일이 없던 터라 당황스러웠고, 다른 엄마들 앞이라서 더더욱 망신스러웠다.

얼굴이 벌겋게 달아오른 나는 불안해하는 딸아이를 다독여주지 못

했다. 남들 앞에서는 손을 조용히 끌어당겼지만 욕실에 가서는 거칠게 아이를 씻겼다. 엉덩이라도 한 대 두들겨줘, 말아. 도대체 왜 이러는 거니?

여행의 마지막 날 밤, 내가 저지른 일을 생각하면 지금 이 순간에도 쥐구멍을 찾고 싶다.

마지막 만찬을 즐기기 위해 찾은 제주 시내 탑동의 어느 횟집. 보통 주 메뉴인 회보나는 앞서 나오는 스케다시가 맛있지 않나? 전복죽을 먹고 난 후 소라회가 나오는데 전복죽으로 배를 채운 종권이 내 손을 잡아끈다. 아래층의 수족관을 보러가자는 거다. 소라회 한 점을 입에 넣고 아이와 함께 1층으로 내려갔다.

"물고기 많이 봤지? 이제 올라가자."

아이는 순순히 나를 따라 2층으로 올라왔다. 그러나 1분도 되지 않아 다시 내 손을 잡아끈다.

그때까지는 모성애가 식욕을 눌러 다시 1층 수족관으로 내려갔다.

"아이고, 엄마 밥 좀 먹게 해주지. 아이가 엄마를 귀찮게 하네."

식당 아주머니의 한마디에 손톱만 한 모성애는 자취를 감춘다. 소주까지 두어 잔 들어간 머릿속에서는 식당만 가면 칭얼대는 녀석 때문에 제대로 밥을 먹은 적이 없던 기억이 샘솟듯 떠오른다.

"이제 그만~"

당시 유행하던 유아용 TV 프로그램 텔레토비의 내레이션을 억지로 흉내 내며 아이와 2층으로 올라와 방으로 들어가려는데, 결국 아이는 신발을 벗지 않겠다고 떼를 쓴다. 신발을 벗기려고 쪼그려 앉았던 나는 벌떡 일어남과 동시에 아이의 팔을 잡아 올려 계단을 내려왔다. 팔을 잡힌 채 계단을 끌려내려 온 아이는 그때 울음을 터뜨렸던가? 모르겠다. 분명한 것은 내가 엄청나게 울었다는 것이다.

하얗게 불을 밝힌 배들이 점점이 떠 있는 제주의 밤바다를 바라보며 아이를 안고 방파제에 앉아 하염없이 울었다.

아빠의 도움 없이 아이 둘을 데리고 여행할 수 있는 씩씩한 엄마. 아이들의 즐거움을 위해 뜨거운 8월의 백사장을 누비는 좋은 엄마. 저 캄캄한 바닷물 속에 처넣으라지.

아이를 위한 여행은 없다

10년이 지났다. 수평선 위로 떠오르는 태양을 보면서 두 눈만 껌뻑이던 아이들은, 베란다에서 바라본 노을이 너무 멋져서 찍었다며 귀가하는 나에게 디지털카메라의 모니터를 내밀 정도로 많이 자랐다.

아빠 없이 일주일, 열흘씩 힘겨운 여행을 하던 아이들은 엄마가 집을 비우는 일주일, 보름 동안 아빠의 아침잠을 깨우며 학교에 간다.

고백하건대…… 나와 남편의 여행 계획에서 아이들의 선택권은 없었다. 그저, 저기를 가면 아이들이 재밌어하겠지, 하면서 여름이면 물가로 겨울이면 산으로 그렇게 대충 '데리고' 다녔다. 아이들 입장에서 보자면 '끌려' 다녔고.

비약이 심한가? 아이들이 배 속에 있을 때부터 시작하여 많은 것을 보여주고 자연 속에서 다양한 경험을 시켜준 좋은 부모라는 칭찬을 가끔씩 듣기도 하지만 다시 10년 전으로 돌아가서 아이와 다시 여행을 할 수 있다면 좀 더 똑똑하게 잘할 수 있을 것 같다. 아이를 '위한' 여행이 아닌, 진짜 아이와 '함께' 하는 여행을.

아이와 함께 여행한다는 것

여행의 동반자

한 마리 새처럼 거칠 것 없는 바람처럼 자유롭게 세상을 만나는 혼자만의 여행. 멋지다.

매일 반복되는 일상에서 쏙 빠져나와 낯선 길에 서 있는 상상으로 밤잠을 설친다.

작지만 가볍지 않은 카메라 한 대. 예쁘고 편안한 운동화. 적당히 바랜 빛깔의 맵시 나는 청바지. 그렇다면 운동화 대신 웨스턴 스타일의 앵클부츠를 신어야겠지. 유행하는 체크무늬 남방은 허리 정도에서 느슨하게 묶어주고. 어깨에는 그간의 여행 경험을 증명해주는 낡은 배낭. 그리고 먼 하늘 어딘가를 응시하는 듯한 젖은 두 눈. 어디선가 불어온 바람이 눈가의 습기를 거두면 아무렇지 않다는 듯 씩 한번 웃어준 다음, 배고픔을 모르는 용맹한 사자와 같이 느릿느릿 거리를 헤매고 집을 구하지 않는 수도승처럼 산을 넘을 것이다.

어디서 본 광고냐. 상상이 초대형 HD 화면에 캡처 되는 순간, 잽싸게 커다란 선글라스도 씌주고 믿스러운 두선 하나도 둘러준다. 끝까지 멋진 여행자로 남아야 하므로.

영화처럼 낭만적인 여행, 소설보다 더 흥미진진한 여행을 꿈꾸었으나 단 한 번도 실행에 옮기지 못한 그녀에게 자서전으로 남겨도 좋을, 인생에 단 하나뿐인 여행을 선물하려고 한다.

사흘 정도는 거뜬히 버틸 수 있는 헤어스타일을 위한 야구모자, 적당한 선에서 똥배를 눌러주는 골반 바지에 모든 스타일을 소화 흡수시키는 조깅용 스포츠화, 아기 기저귀 세 장이 튀어나와도 놀랍지 않을 적당한 디자인의 배낭. 수수한 컬러의 옷차림이라면 배낭 하나쯤은 확 튀는 색깔이어도 좋겠다. 누구네 잔칫집, 초상집만 빼고 어디를 가도 무방할 만큼 편안하게. 가장 중요한 것은 그녀와 함께하는 카메라다.

이 카메라가 있어 그녀는 이전과는 다른 시각으로 세상을 바라본다. 늘 좋은 구도의 화면에 탄성이 절로 나오는 아름다운 색감의 사진이 나오기를 기대하지만 결과물은 항상 예상과 어긋난다. 그럴 수밖에 없는 이유가 있다. 아직 매뉴얼을 익히지 못한 탓이다. 이래저래 어찌해볼 여지가 없는 이유는 카메라가 매일, 매 순간 자동으로 업그레이드가 되기 때문이다.

어떤 때는 똑같은 기능의 버튼이 다른 곳에 붙어 있기도 하고 새로운 메뉴가 추가되기도 한다. 매뉴얼을 익혔다고 자신했음에도 불구하고 맞닥뜨리는 상황과 환경이 매번 다른 까닭에 늘 당황한다. 그녀는 말 그대로 초짜다.

그녀의 카메라. 그녀와 떨어지려야 떨어질 수 없는 살아 숨 쉬는 카메라. 매일매일이 새로운 그녀의 동반자를 한번 살펴보자.

그녀의 동반자는 아침마다 눈을 뜨는 일이 여행의 시작이다. 호기심이 왕성한 눈에는 모든 것이 새롭고 신기하게 보인다. 스스로 생성한 메뉴의 버튼을 눌러보지 못해 안달이다. 저 작고 연약한 몸에 변화무쌍한 렌즈, 수동과 반자동과 자동을 자유로이 오가는 영혼을 가지고 있어서 스스로 오만 가지 세상을 만들고, 그렇게 스스로 셔터를 누른다.

그녀의 동반자는 바로 사랑스러운 아이.
그녀는 끊임없이 발전하고 진화하는 카메
라와 함께 기대 만땅으로 집을 나선다.

아이와 함께하는 행복한 여행

세상을 순례하는 구도자가 갖추어야 할 덕목은 세상사를 다 알고 있
다는 오만이 아니라 아이와도 같은 순수함이다. 어떤 두려움도 상처
도 없이 있는 그대로의 세상을 바라보는 맑은 눈을 가진 아이와 함
께 여행을 한다. 자, 지금 그대 곁에 서 있는 아이는 누구인가?
내가 가르쳐야 할 대상인가? 혹시 아이로부터 더 많은 것을 배우고
있지는 않은가?
아이가 나에게 희생을 요구하는가? 혹시 아이로부터 살아갈 양식
을 깨닫고 있는 건 아닌가?
나를 성가시게 하나? 아이는 제 두 발로 잘 걷고 있다.
여행의 기쁨은 물론 괴로움까지 백배로 뻥튀기해서 풍요로운 추억
으로 되돌려줄, 아이와 함께하는 여행을 당신에게 선물한다.

가끔은 엄마 혼자 떠나보자

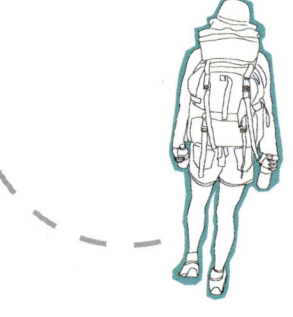

내 삶의 멘토

사춘기 이후로 글쎄. 혼자서 무작정 걸은 적이 있었나? 실연당한 여자도 아닌데 청승맞게 혼자 하는 여행이라니? 화장실을 가도 친구가 필요한, 식당에서 혼자 밥을 먹느니 차라리 굶는 것을 선택하는 나는, 대한민국의 보통녀. 그러나 결혼을 하고 아이를 낳으며 완전히 달라졌다. 씩씩하지 못하면 그런 척이라도 해야 되는 거다! 그에 더하여 건강한 인생관 갖기!

인생이란 원래 쓸쓸한 거고, 세상은 썩어가고 있다고 생각하는 비관

주의자는 좋은 엄마가 될 수 없다. '그런 세상에서 네 자식들을 살게 할 참이냐?' 그래서 인생관을 바꿨다. 나의 아이들이 살아갈 이 땅을 아름답고 정의로운 세상으로 바라보지 않으면서, 그들에게 좋은 인간이 되길 바라고 행복한 삶을 살라고 가르칠 수는 없지 않은가. 고작해야 '어떻게든 살아남아 이 험한 세상을 피 흘리며 살아가라'고 조언하겠지.

그래서 나는 현실적인 낙관주의자가 되기로 결심했다. 나의 아이들 역시 현실적인 눈으로 행복한 인생을 꾸려가는 건강한 인간으로 자라주기를 바라고 있으며 그것은 지금도 진행형이다.

나는 내 딸이 그녀의 남편과 자식에게만 매달려 그녀의 나날을 헛되이 보내지 않기를 바란다. 자긍심을 가진 엄마로, 자신의 인생을 누구의 것과도 비교하지 않고, 유쾌하고 명랑하게 가꿔나갈 올바른 가치관을 가진 엄마로 성장하길 바란다.

그리하여 나는 분명히 그렇게 되리라 믿어 의심치 않는 내 딸의 미래를 거울삼아 나를 점검한다. 나의 멘토는 내가 간절히 그렇게 되기를 바라는 훗날 딸의 모습이다. 아들의 모습이다.

독립적인 엄마의 첫걸음

운전면허를 따기 전, 연년생의 두 아이를 데리고 외출할 때면 나는 미리 두통약을 먹어야 했다. 많은 사람들의 시선이 따라붙는 지하철을 피해 버스나 택시를 이용했는데, 좁은 공간에서 두 아이를 통제하느라 차에서 내릴 즈음에는 멀미와 동반되는 끔찍한 두통이 어김없이 시작되었다. 아이들과 대중교통을 이용하는 것이 왜 그리 두려웠는지.

둘째가 어린이집을 다니기 전까지, 집으로부터 행동반경은 2km 이내. 나는 그렇게 어항 속의 물고기처럼 지냈다. 가끔씩 어항 밖으로 튀어나갈 생각도 해보고 어항이 폭파되는 상상도 하면서.

'나 좀 살려줘~!'

다행히 남편이 여행을 좋아하는 까닭에 닷새 동안은 갇혀 있다가 주말 이틀을 이용하여 세상 구경을 할 수 있었다. 그리고 여섯 살이 된 둘째가 유치원에 들어갈 무렵, 남편에게 의지하던 여행에서 벗어났다. 지금도 두 아이와 함께 종로와 인사동을 몇 바퀴씩 돌면서 즐거워했던 여름날이 생생하게 떠오른다. 좀 더 일찍 시작했으면 좋았을 걸. 후회하기 이전에 독립심을 키울 필요가 있었다.

아이와 외출하는 것을 두려워했던 나. 혼자서 뭔가를 하는 일이 어색했던 나. 그때로 다시 돌아간다면 무엇을 할 수 있을까? 안타깝게 놓쳐버린 과거의 시간을 현재진행형으로 살고 있는 당신은 무엇을 하면 좋을까?

혼자 여행하는 것. 다시 말해 남편과 아이들을 떼놓고 여행하기를 실행해보자. 단 하루, 아니 반나절이라도 좋다. 나만을 위해 집을 나서보자. 자신을 위해 집을 나선다는 것은 혼자만의 시간을 갖는다는 것과 전혀 다른 얘기다.

아이들이 유치원에 간 사이, 학교에 간 사이에, 혹은 어느 휴일 아침에 집을 나서보자.

친구를 만나 조조영화를 보는 대신 한강고수부지를 걸으며 대화를 나누자. 멀리 가지 않아도 좋다. 늘 가는 마트까지, 내딛는 걸음과 스치는 바람과 햇살의 반짝임에 감탄하며 단지 걷기를 위해 걸어보자. 그 길을 가는 시간만큼은 담양의 메타세쿼이아 길을 걷는 여름날처럼 행복하기를……

그렇게 행복을 느낄 줄 아는 힘을 길러보자. 아이와 함께하는 여행은 그 힘으로 출발한다.

엄마 혼자 떠나는 지하철 여행 추천 코스

아이가 유치원에 간 사이, 학교에서 돌아올 때까지, 청소도 빨래도 잊고 훌쩍 다녀
올 수 있는 곳. 여행의 맛을 느끼기에 부족함이 없는 곳을 모았다.
작전명, "6시간 안에 Come Back Home!"

찾아가기 3호선 안국역 6번 출구
로 나와 10여 m 걸으면 왼쪽으로
인사동 길이 시작된다.

(1) 지하철 3호선 안국역 — 인사동 분화의 거리

인사동 문화의 거리

안국역에서 종로 2가로 이어지는 약 700m의 거리.
골목마다 특색 있는 맛집들이 자리 잡고 있다. 한옥의
기와를 연상시키는 바닥돌을 따라 크고 작은 갤러리
들을 탐방하며 예술작품을 감상해보자. 작품이라고
해도 손색없을 정도의 독특한 생활용품점들도 많다.
모자나 머플러, 액세서리 같은 패션 소품에서부터 시작하여 티셔츠나 귀여운 목공예품
을 파는 노점도 발길을 붙든다. 그저 걷는 것만으로도 즐거워지는 곳.

인사동 여기!! – 쌈지길

먹을거리 많고 볼거리 많은 인사동에서도 단연 돋보이는 추천
명소. 4층 건물 전체가 경사로를 따라 연결된 구조에 수십 개
의 독특한 상점들이 모인 곳이다. 모두 수작업으로 이루어진 작
품들을 판매한다. 곳곳에 놓인 재미있는 조형물들이 눈길을 사
로잡고 1층 마당에서는 다양한 이벤트가 열려 방문객을 즐겁게
한다. 4층 옥상은 카페로 꾸며져 있는데 가격대가 그리 저렴하
지는 않다.

찾아가기 4호선 대공원역 4번 출구로 나와 20분 간격으로 운행하는 미술관 셔틀버스(무료)를 탄다. 서울대공원 입구에서 코끼리열차를 탈 수도 있다. **요금** 어른 800원, 어린이 500원, 매주 월요일 휴관

(2) 지하철 4호선 대공원역 — 국립현대미술관

꼭 미술에 대해 알아야 미술관에 갈 수 있는 것은 아니다. 각각의 전시실마다 친절한 안내원들이 대기하고 있어 작품 설명을 들을 수 있다. 곳곳에 마련된 의자에 앉아 누군가의 조심스러운 발소리를 듣고 있노라면 복잡했던 마음조차 정화되는 느낌이다. 분위기 있는 카페테리아에서 쉬어도 좋겠다. 조각품들이 전시된 야외공원도 훌륭한 산책 코스. 매점에서 산 원두커피 한 잔을 들고 깨끗한 공기를 마시며 아담하게 꾸며진 인공호수에 취할 수 있는 벤치도 고맙다.

국립현대미술관 여기!! – 자판기 코너?

이곳을 지칭하는 명칭이 없어 '자판기 코너'라고 하겠다. 국립현대미술관 건물 내부로 들어서기 전, 오른쪽에 위치한 공간. 자판기와 테이블이 놓인 곳이지만 이곳에 앉으면 병풍처럼 펼쳐진 관악산이 한눈에 들어오고 마치 묵직한 화강암에 둘러싸인 테라스에 앉아 있는 것 같은 느낌을 준다. 단지 자판기 커피 맛을 장담 못할 뿐.

찾아가기 6호선 월드컵경기장역 1번 출구로 나와 바로 앞에 위치한 평화의 공원을 지나 육교를 건넌다.

(3)지하철 6호선 월드컵경기장역 — 하늘공원

하늘이 꽉 차게 내려앉은 옥상공원. 난지도 쓰레기산이 아름다운 공원으로 탈바꿈했다. 이렇게 놀랍고 고마운 일이! '하늘'로 올라가는 길은 계단을 통해 지름길로 가는 것과 산책로를 이용해 돌아가는 방법

2가지. MP3 플레이어를 지니고 유유자적 걸어보자. 계단을 오르는 동안 온몸으로 다가서는 남서울의 풍광을 즐겨도 좋다. 유장하게 흐르는 한강의 물줄기를 한눈에 굽어보는 맛도 일품. 다만 그늘이 없는 것이 아쉽다.

하늘공원 지금!!

산책하기 좋은 계절이 따로 있는 것은 아니지만 하늘공원이 가장 아름다운 모습을 지니는 계절은 가을. 바로 억새가 흐드러지는 10월 무렵이다. 억새축제가 열릴 때는 사람들로 북적이지만 평일 낮에는 여유로운 편이나. 투명한 가을 햇살에 반짝이는 억새밭 사이를 걷는 행복을 누리다 보면 여행은 멀리 가야 하는 것이라는 고정관념이 확 사라진다.

찾아가기 4호선 오이도역 2번 출구로 나와 오이도행 30-2번 버스 승차, 오이도 마을(종점) 하차

(4) 지하철 4호선 오이도역 — 오이도

바다를 보겠다고 굳이 1박 2일짜리 계획을 세울 필요는 없다. 또한 남편에게 아쉬운 소리를 할 필요도 없다. 그냥 집을 나서 지하철을 타면 된다. 꼭 푸른 동해만 바다인가? 오이도는 원래 섬이었으나 일제 강점기에 염전이 개발되면서 육지와 연결되었다. 현재는 이름만 섬으로 남아 있지만 드넓은 갯벌과 방파제를 따라 만들어진 바다 산책로가 있다. 갯내음 섞인 바다 냄새에 코를 대보자. 우린 너무나도 오랫동안 여행에 굶주리지 않았나.

오이도 이 맛!

조개구이는 못 먹을지라도 바지락 칼국수 정도는 먹어주자. 혼자 먹기 뻘쭘하다고? 씩씩한 아줌마 되기의 첫걸음은 혼자 식당에 가는 일을 두려워하지 않는 것. 전망 좋아 보이는 집으로 들어가 당당하게 말하자. "칼국수 1인분요!" 평일 낮 시간, 부담 갖지 말자.

2장
아이의 마음을 들여다보자

믿음직한 아이들

평생에 남을 야간산행

'천상화원'이라는 별칭으로도 통하는 강원도 인제군의 곰배령은 해발 1,100m의 높이에 위치한 초원지대로 그 넓이가 수천 평에 이른다. 현리에서 진동리 설피마을로 들어서면 곰배령으로 오르는 입구인 강선계곡이 나오고, 그 계곡 물소리를 따라 산책하듯 오르면 봄에서 가을까지 고운 야생화들이 지천으로 피어나는 곰배령을 만난다. 고개 들면 하늘이요 발밑에는 꽃 잔치. 곰배령 위쪽으로는 점봉산 정상이다. 곰배령 꽃향기에 힘을 얻은 사람들은 1,424m의 점봉산 정상에 올라 북쪽에서 남쪽을 향해 내달리는 백두대간의 준엄한 능선을 굽어봄과 동시에 설악산 대청봉 정상과 한계령 정상을 지척에서 감상하는 기쁨을 맛본다.

남편과 함께 활동하는 4륜구동차 동호회의 지인들과 점봉산을 오르기로 했을 때, 나는 당연히 곰배령으로 오를 줄 알았다.

'아이들도 곰배령까지 두세 번 정도 가봤으니 문제없겠지. 만날 곰배령만 가고 점봉산까지는 못 갔는데 잘됐군.'

그래서 나는 아침산행을 위해 전날 설피마을에서 숙박을 하는 줄 알았다. 그런데 이게 무슨 소린가. 야간산행을 하겠다는 것이다. 이유는 단 하나. 곰배령으로 오르지 않고 단목령으로 올라 곰배령으로 하산하기 위해. 예상했던 코스와 정반대다. 설피마을에서 단목령으로 가는 길은 생태보존구역으로 입산이 금지되어 있단다. 그래서 감시가 소홀한 야간에 움직인다고. 들키면 벌금 50만 원. 벌금을 내더라도 낮에 가야 하는 거 아닌가.

"애 둘 데리고 나는 못 가! 잠도 안 자며 걷겠다고? 이렇게 어린 애들을 데리고?"

하얗게 질린 얼굴로 진지하게 말하자 일행의 얼굴도 굳어진다. 하지만 아이들이 더 긴장했다. 엄마의 일그러지는 얼굴, 날카로워진 목소리 때문에 자신들로 말미암아 비상사태가 일어났음을 직감한 것이다.

큰아이 규진을 데리고 화장실로 갔다.

"규진아, 지금 어른들은 산으로 갈 거래. 우리는 어떻게 할까?"

"한번 가볼래. 엄마는 가기 싫어?"

밤 11시에 산행이 시작되었다. 랜턴 하나에 의지해 앞서가는 이들을 따라 원시림 사이로 난 길을 간다. 둘째 아이는 남편의 손에 의지해 걷기도 하고 배낭 위에서 목마도 타며 산행을 한다.

"엄마 괜찮아? 조심해!"

숨이 가빠 걸음을 멈출 때마다 딸아이도 나를 돌아보며 안부를 묻는다. 울창한 나무에 가려 달빛 한 점 비치지 않는 어두운 숲 속에서 수시로 서로의 안부를 물으며 두려움을 이겨낸다. 나무뿌리에 발이 걸려 아이의 몸이 휘청거릴 때마다 내 속에서는 부아가 치밀어 오른다.

'애들 생고생시키며 야간산행을 하는 우리는 부모 자격도 없다.'

혼자 투덜대느라 호흡은 더욱 거칠어진다.

두 시간쯤 걸었을까.

"엄마—아."

나를 찾는 딸의 목소리가 불안하다.

"왜? 힘드니?"

"엄마, 너무 졸려."

아이의 눈이 반쯤 감겨 있다. 언제부터 졸면서 걸었던 걸까.

"규진아, 여기선 잘 수 없어. 자고 싶으면 다시 내려가든가 아니면 그냥 걸어야 돼."

왔던 길을 내려가야 한다는 말에 아이는 다시 걷기 시작한다.

땅이 코에 닿을 듯 급경사가 나타나자 아이는 강아지처럼 바닥에 붙어 기다시피 하며 산을 오른다.

졸음에 지쳐 울던 둘째는 아빠의 배낭에 걸리듯이 매달려 잠이든 모양인지 조용하기만 하다.

아침이 올 때까지 계속 걸어야 한다는 사실에 칠흑 같은 숲 속이 악몽처럼 다가온다.

'이건 꿈이다. 아침은 언제 오는가.'

그때 왼쪽에서 천둥소리가 들리며 동시에 땅이 흔들린다.

"멧돼지다! 움직이지 마. 랜턴 꺼."

딸아이는 내 허벅지를 꽉 잡은 채 부들부들 떨고 있다. 괜찮다며 아이의 어깨를 끌어안았지만 나도 심장이 떨리기는 마찬가지다.

나뭇가지를 스치는 요란한 소리가 잦아들기를 기다리며 얼마나 숨을 죽이고 있었을까.

멧돼지들이 계곡 아래로 내려간 모양이다.

'멧돼지 소동'으로 어른들도 다리에 힘이 풀렸다. 다들 쉬었다 가기로 한다. 마땅한 바위 하나 찾을 수 없어 배낭에 있던 돗자리를 꺼내 아이들을 앉혔다. 헉! 돗자리에 엉덩이를 대자마자 아이들은 앉은 채로 잠이 들고 만다. 자는 애들을 업고 가야 하나.

비박이다.

이슬을 피하기 위해 비닐을 치고 그 아래 침낭과 돗자리를 엉성하게 깐 후, 옷을 입은 채로 잠을 청한다. 5월이라고 해도 산속의 밤은 춥다. 멧돼지 떼가 몸이라도 밟고 지나가면 어쩌나. 남편과 나 사이에서 자고 있는 두 아이의 얼굴이 그저 안쓰럽기만 할 뿐이다.

요란한 새 소리에 뒤섞인 아이들의 목소리가 머리 위를 흔든다. 멧돼지에게 밟히지 않고 무사히 아침을 맞은 것이다.

"엄마, 저기 멧돼지들이 왔다 갔나 봐!"

어른들과 함께 물을 뜨러 계곡으로 내려갔다 온 아이들은 더덕을 먹기 위해 멧돼지들이 파놓은 흔적을 발견하고 마냥 신이 났다. 간밤의 공포는 모두 잊었나 보다. 세수까지 했는지 아이들 얼굴은 초록 물방울이 뚝뚝 떨어지는 듯 맑다.

내 몸은 비박으로 인해 딱딱한 돌덩이처럼 굳었는데 아이들은 다람쥐라도 된 듯 가볍게 계곡을 탐사 중이다. 산행을 시작할 때는 내가 멘 배낭까지 저희들이 메겠다고 야단이다. 내가 아이들을 데리고 가는 게 아니라 아이들이 나를 끌고 갈 판이다.

'저렇게 씩씩한 아이들인데 왜 미리 걱정하고 짐작만으로 투덜댔을까.'

점봉산 정상까지는 물론이고 곰배령을 지나 강선계곡을 따라 설피마을로 내려오는 동안 길 안내는 아이들의 몫이었다. 한 모퉁이가량 앞서가다 다시 달려와 솔방울, 도토리, 돌멩이 같은 것들을 내 손에 쥐여주고 달려가는 아이들.

전날 산행을 시작하기 전, 화장실에서 두려움 없이 맑은 눈으로 규진이 해준 말.

"한번 가볼래."

계곡을 내려가는 동안 계속 내 머릿속을 맴돈다.

어깨에 짊어져야 하는 배낭처럼 버거운 짐이라고 너희들을 생각했던 어리석은 엄마를 용서해주기를.

정답은 없지만

엄마의 역할에 정답은 없다. 그러나 아이에 대한 사랑보다도 더 깊이 새기고 또 새겨야 할 마음은 아이에 대한 믿음이다. 한 번도 가보지 않은 길을 가는 아이에 대한 믿음. 아이의 내면에 무한한 가능성을 품고 있다는 믿음. 아이가 만들어가는 세상이 진실하리라는 믿음. 그 믿음의 힘이 아이를 구르게 하고 스스로 살을 찌우게 하고 스스로 행복을 만드는 어른으로 키울 것이다.

아이와 함께하는 걷기 여행도 '내 아이가 아직 어리지만 잘해낼 수 있으리라'는 믿음에서 출발하여 서로 교감하며 세상을 만나는 일인 것이다.

엄마가 무엇을 해야 하는지, 이에 대한 정답은 없다. 분명한 것은 엄마로부터 흔들리지 않는 믿음을 얻은 아이는 엄마가 지쳐 있을 때 엄마의 손을 잡아 일으켜줄 것이며 엄마가 두려워할 때 오히려 힘을 줄 것이라는 사실이다.

나 자신을 믿고 스스로 격려하자. 아이도 인생도, 떡하니 눈앞에 서 있는 멋들어진 건물이 아니다. 완성된 도면이 아니라 설계도를 그려가면서 지어지고 있는 건물, 공사 중인 건물이다. 무엇이 걱정인가?

1. 일관된 모습 보여주기

"거짓말쟁이!", "엄마는 다 자기 맘대로야".

어느새 아이에게 신용불량자(?)로 낙인찍힌 엄마라면 걷기 여행을 신용회복의 기회로 만들어보자.

아이와 걷는 동안 지켜야 할 규칙 몇 가지를 미리 정하고 일관성을 가지고 행동한다. 예를 들어 배낭에 들어 있는 간식 외에는 먹지 않기, 30분 걷고 10분 쉬기와 같은 사소한 것들을 실천해보자. 아이들은 사소한 것들로 엄마를 판단하기도 한다는 것을 명심할 필요가 있다.

2. 솔직해지기

강한 엄마, 완벽한 엄마가 아이에게 신뢰를 줄 수 있을까? 아이가 힘들어할 때, 엄마도 힘들다고 얘기해보자.

"엄마도 힘들어. 근데 저기까지 가기로 했으니까 가야 되겠지?"

"힘드니까 좀 쉬었다 가자."

엄마가 힘들어하는 것을 아는 순간, 아이들은 스스로 힘을 낸다. 엄마에게 의지하지 않고 엄마를 격려한다. 단, 솔직해지는 것과 짜증을 내는 것은 엄마 스스로의 양심으로 엄격하게 구분해야 할 것이다.

3. 눈높이 맞추기

걷는 동안 아이가 뭔가를 발견하고 관심을 나타내면 아무리 갈 길이 멀어도 걸음을 멈추도록 한다. 우리가 하는 것은 다이어트용 걷기 '운동'이 아니라 걷기 '여행'이다. 아이의 시야에 포착된 세상의 모습을 아이의 시선으로 새롭게 보는 연습을 많이 하도록 한다. 가르치는 여행이 아닌 대화하는 여행을 만드는 것이 중요하다.

여행은 엄마가
부어주는 마중물

아이가 처음 옹알이를 했을 때의 흥분, 처음으로 뒤집기에 성공한 어느 아침의 감동, 아이의 작은 입술을 통해 생애 처음으로 또렷하게 들었던 "엄마"라는 말. 가슴을 울컥하게 만들었던 순간들. 그같이 순수한 기쁨은 아이가 커가면서 조금씩 사라진다.

아이에게 엄마의 욕심을 투사하면서 순수하기만 했던 기쁨은 변질되기 시작한다. 다른 집 아이와 비교했을 때 내 아이는 영 서툴기만 하고, 아이를 위해 물심양면으로 정성을 쏟았으나 뭔가 부족하다. 아이가 커가면서 한숨 쉬고 걱정하는 시간이 늘어난다. 엄마의 역할이 육아에서 교육으로 넘어가는 시기에 혼란은 극에 달한다.

배짱인가 여유인가

"교육이 아니라 방목인데······."

아이들이 유치원에 다니던 시절, 아이들을 대하는 내 태도를 보고 비슷한 또래의 아이를 키우던 친구가 한 말이다.

'좋게 말해 방목이고 혹시 방관으로 보이는 거 아냐?'

나는 움찔했다. 하지만 방목이든 방관이든, 나는 걱정이 없었다.

아이가 초등학교에 입학하고 한참이 지난 뒤에도 내 태도가 변하지 않자, 친구 왈.

"저기, 어디 북유럽 같은 데 가서 살아야 되겠다."

'좋게 말해 이상주의자이고 까놓고 말하면 현실 부적응자?'

그래도 나는 아이의 마음이 어디로 가고 있는지에만 집중할 뿐 주변 사람들의 얘기에 좌고우면하지 않는다. 똥배만큼이나 두툼한 이 배짱은 어디에서 비롯되었나.

지식이 아닌 지혜를 구하는 여행

틀에 매인 일상을 벗어나는 것, 여유롭게 휴식하는 것, 낯선 세계를 돌아보는 것, 관광버스를 타고 관광지를 순례하고 사이사이 복도춤을 추는 것까지도. 여행은 인생이라는 공간을 풍요롭게 해주는 훌륭한 도구다. 아이와 함께 여행하는 것은 어떨까?

공부 잘하는 아이로 키우기 위해 여행하나? 적성에 맞는 훌륭한 직업을 찾기 위해 여행하나? 아니다. 여행을 통해 아이에게 심어지기를 바라는 것은 지식이 아니라 지혜다. 나무에 빗대어 표현하자면 뿌리와도 같은 것. 풍성한 나무로 자라도록 힘 있고 튼튼한 뿌리를 만들어주기 위해 여행을 하는 것이다.

산의 미덕을 배우고 풍요로운 바다를 닮기를. 여름의 태양을 사랑하고 겨울의 칼바람을 즐길 줄 아는 넉넉한 마음을 갖기를. 봄날 자연이 어떻게 깨어나는지, 가을의 숲이 어떻게 겨울을 준비하는지 함께 지켜보기를. 바로 그러하기를 나는 원한다.

여행은 엄마가 부어주는 마중물

그렇게 생각 없이 '방목' 해도 괜찮으냐는 주위의 걱정을 웃어넘기며, 금요일이나 토요일 '가정체험학습' 허락을 받아 산으로 바다로 다니면서, 애들 학원비를 기름 값으로 쓰면서 거리낌 없이 행복할 수 있었던 것은 무엇으로도 대신할 수 없는 것을 아이들에게 주고 있다는 신념이 있었기 때문이다.

마중물이 없으면 작동하지 못하는 물 펌프처럼 소양강댐보다 많은 물을 품고 있는 아이들에게 부어주는 한 바가지의 마중물. 여행이라는 마중물로 아이들은 힘차게 펌프질을 하고 스스로 몸을 굴리고 세상을 축복으로 여기며 살아갈 것이다.

1. 아이의 시선으로 함께 감탄하기

아이가 무언가를 보고 감탄사를 내뱉는 순간을 놓치지 말자. 아이가 느끼는 것을 엄마도 똑같이 느낀다고 확인시켜 주는 것은 아이가 자신의 감정을 자연스러운 것으로 받아들이며 자존감을 느끼도록 하고 동시에 엄마와 교감하고 있다는 확신을 심어준다. 긍정적인 얘기라면 약간의 호들갑까지 더해서.

"와~ 예쁘네. 그걸 발견하다니 대단하구나."

"정말 시원하다. 열심히 걸으니까 물이 꿀맛이네."

2. 아낌없는 칭찬

아이가 하나의 코스를 마쳤을 때 칭찬해줄 말들을 미리 준비하자.

아이가 자신감을 갖고 다음 여행을 기대할 수 있도록.

"이렇게 해내다니, 역시 멋진 아이야."

"힘들다고 떼쓰지 않고 걸어서 엄마 마음이 뿌듯해요."

3. 긍정적인 마음

걷는 도중 길을 잃어 엉뚱한 곳으로 가게 되더라도, 계획했던 걷기를 절반도 못 채워도, 실패한 여행일지라도 하나의 여행으로 받아들이는 씩씩한 모습을 보여주자.

엄마가 버려야 할 것

1. 공부와 연관시키려는 욕심

하나라도 더 봐야 하고 본 것을 잘 기억해야 하고 목표 지점까지 걸으며 얻은 끈기를, 공부하는 데 쏟아주기를?

2. 체험 여행의 덫

아이에게 다양한 경험을 시켜주는 것은 나쁘지 않다. 다만 체험으로 얻은 결과물에 집착하지 말자. "자, 오늘 배운 거는 뭐지?", "저 애는 잘하는데 우리 애는?" 이런 식이 되면 안 하느니만 못한 체험이 된다.

3장
가벼운 마음으로 집을 나서자

일상에서 할 수 있는 워밍업

내 유년의 여행

초등학교를 졸업할 때까지 내가 살던 곳은 서울의 인사동이었다. 정확하게는 종로 2가의 YMCA 건물 뒤쪽, 피맛골의 뒷동네. 학교에서 집으로 돌아오는 길은 즐거운 여행이었다.

교동초등학교 앞에 나란히 있는 3개의 문방구를 순례하며 새로 나온 종이인형, 원더우먼 시리즈 딱지를 구경하고, 번쩍거리는 피아노가 줄지어 서 있는 낙원상가로 간다. 피아노는 조용히 진열되어 있었지만 기타를 파는 집에서는 늘 아저씨들이 딩가딩가 기타 연주를 하고 있었다. 오래 보고 있으면 어른들한테 혼날까 봐 천천히 걸음을 옮기며 곁눈질을 해야 했다. 대낮인데도 하얀 형광등이 빽빽하게 켜진 통로를 걸으며 닫힌 피아노 뚜껑을 슬쩍 쓸어보기도 하고 주인이 안 보이면 건반 하나 '똥' 누르고 도망치기도 하고. 악기들이 그다지 땡기지 않는 날이면 지하에 있는 낙원시장을 돌았다. 참기름으로 윤기가 자르르, 은색 알루미늄 쟁반에 가지런히 담긴 색색의 바람떡. 침을 꼴깍 삼기며 모퉁이를 돌면 학교 앞 문방구보다 더 많은 물건들이 쌓여 있던 미제 가게.

달력의 풍경화보다 백배는 흥미진진했던 허리우드극장의 간판. 영화 내용을 상상하며 이문고개를 오르면−종로 한복판에 고개가 있다−기와를 맞대고 집들이 늘어선 좁은 골목이 시작된다. 어둑해지면 귀신이 나온다며 동네 아이들은 근처에도 안 가지만 사람들이 잘 다니지 않는 길이라 낮 동안은 아이들 놀이터가 되었다.

숨바꼭질할 때 잡히는 것에 두려움을 느꼈던 나는 종로로 나갔다. 보신각을 바라보며 '저 종도 에밀레종처럼 에밀레에밀레 하고 울릴까?' 생각해보고, 내친김에 조계사까지 갔다가 불교용품을 파는 가게를 지나며 진열장의 불상 앞에서 향냄새도 킁킁거리며 맡아보고. 그때 즈음 숨바꼭질하던 아이들이 생각나 동네로 돌아오면 아이들은 벌써 집으로 돌아가고 술래가 서 있던 전봇대만 외로이 서 있었다. 바쁜 걸음의 어른들만 오가던 텅 빈 길.

아이들과 함께 떠난 타임머신 여행

아이들을 데리고 인사동 나들이에 나섰다가 '엄마가 다녔던 학교'를 가보았다. 교문으로 올라가던 언덕길이 없어졌다. 길이 약간 경사졌을 뿐. 왜 나는 이곳을 언덕으로 기억하고 있을까. 더욱 놀라운 것은 운동장이다. 전교생이 모여 운동회를 했던 곳이 손바닥만 하다. 악기들의 궁전처럼 넓었던 낙원상가의 통로는 아이들의 손을 잡고 다니기에도 비좁다. 자전거를 타거나 고무줄놀이를 했던 동네 골목도 마찬가지다. 소인국에 온 걸리버가 된 기분이다.

내게는 작아 보이는 것들이 아이들에게는 얼마나 클지, 어른인 내게 무의미한 것들이 아이들에게는 얼마나 소중할지, 나에게는 사소한 것들이 아이들에게는 어떤 자극이 될지 생각이 미치자 순식간에 각성이 일어났다. 내 유년의 기억이 여행으로 남아 있는 것처럼, 매일 똑같이 반복된다고 투덜대는 지금의 생활이 아이들에게 어떤 여행이 될지도 모른다는……

집을 나서면 여행의 시작

엄마에게는 은행 일을 보기 위한 외출이지만 아이에게는 한 시간에 걸친 짧은 여행이다. 집을 나서는 순간부터 아이는 여행자가 된다. 북적대는 마트에서 엄마는 일용할 것들을 고르느라 정신이 없지만 아이는 유유자적하는 여행자일지도 모른다. 미끄럼틀과 그네에 매혹된 아이에게 놀이터는 하얀 파도가 부서지는 푸른 바다가 된다. 그리고 하늘만 있는 높은 산의 정상이 된다.

아이의 눈에 세상이 어떻게 보일지 다시 한 번 상상해보자. 그것이 어렵다면 어릴 때 살던 동네, 다니던 초등학교를 방문해보라. 아이와 함께 놀이터에 가는 길이 달라진다.

아이에겐 지하철 여행도 특별해

지하철을 타보자

서울을 비롯한 수도권은 지하철과 전철 노선이 촘촘하게 연결되어 있다. 교통카드 한 장으로 갈 수 있는 여행지들이 기다리고 있으니 가벼운 마음으로 집을 나서자. 안전하고 쾌적한 트레이닝 도구가 따로 없다.

아이와 걷는 것이 부담스럽다면 지하철을 타고 종착역까지 갔다가 돌아오는 것도 괜찮다. 지하철 1호선 구간은 지상으로 연결되어 다양한 풍광을 감상할 수 있는 비오는 날 나들이로 안성맞춤이다. 용산역에서 출발하는 팔당행 전철을 타면 시원한 호수를 바라볼 수 있고, 신창행 1호선 전철을 타면 충남의 천안을 지나 온양온천까지 다녀올 수 있다. 바다를 따라 달리는 전철도 있다.

그림 같은 풍경 속에 멋진 캠핑카를 타고 있다 해도 스스로 즐기지 못한다면 미지근한 물과 같은 여행일 뿐이다. 이러저러한 사람이 타고 내리는 전철 안에서 아이와 도란도란 얘기를 나누며 떠나는 여행을 이국의 파라솔 아래에서 마시는 생과일주스 한 잔처럼 즐겨보자.

운전하는 네 신경 쓰느라 바라볼 기회가 별로 없었던 아이의 얼굴, 호기심을 가득 안고 세상을 바라보는 아이의 눈빛에 집중해보자.

걷기 여행을 시작하기 전, 몸풀기 과정이다.

지하철 여행 추천 코스

지하철을 타는 것만으로도 충분히 즐거운 코스들. 가볍게 떠날 수 있는 코스들. 많이 걷지 않아도 둘러볼 수 있는 여행지를 꼽았다. 걷기 여행을 하기 전 엄마와 둘이 떠나는 여행을 자연스럽게 경험하게 해주자.

> **찾아가기** 용산역에서 국수행 중앙선 승차-양수역 하차-두물머리 이정표 보고 걷는다

(1) 국철 중앙선 양수역 — 양수리

논두렁 밭두렁 지나, 한강 거슬러 두물머리까지

젊은 연인들의 데이트 명소 두물머리. 아이와 함께 가보자. 버스에서 내리면 두물머리로 가는 강변 산책로가 바로 시작된다. 멀리 북한의 금강산 근처에서 발원해 강원도 철원, 화천을 지나며 몸을 불린 북한강과 강원도 태백에서 발원해 정선과 충주를 지나 양평으로 흘러든 남한강, 두 물이 마침내 만나

어우러져 흐르는 곳이 바로 두물머리다. 북한강, 남한강 두 물이 만났다 해서 두물머리라는 지명이 붙은 것. 합수머리라고도 부른다. 여기서 시작되는 물이 한강이다. 유장한 흐름을 오랜 세월 지켜보았을 400여 년 수령을 자랑하는 느티나무는 두물머리의 상징. 강가에 초록의 물그림자를 만들어내는 수양버들을 따라 걷는 강변 산책은 두물머리 여행의 백미다.

두물머리 이날!! – 자판기 코너?

1일, 6일은 양수리 장이 서는 날. 병아리 장수, 뻥튀기 할아버지, 떡메 치는 아저씨까지. 아이와 함께하는 구경거리가 많다. 입소문을 듣고 찾는 이들이 늘어나면서 장터의 풍경은 갈수록 풍성해지고 있다.

(2) 1호선 인천역 — 월미도

공원 같은 바닷길

월미도는 해안산책로가 넓은 공원으로 꾸며져 있
어 어디로 튈지 모르는 아이의 안전을 걱정하지
않아도 된다. 바다를 배경으로 펼쳐지는 다양한 거
리공연을 보는 것도 월미도만의 매력. 대부도나 오
이도 등 수도권에서 가까운 서해의 바다는 갯벌이
드러나지만 월미도에서는 언제나 햇살에 반짝이는
눈부신 바다를 볼 수 있다.

월미도 이게!!

월미도의 명물은 바이킹. 그러나 아이가 타기에는
위험하다. 간이탑승기구를 타겠다는 아이와 실랑
이하느니 유람선을 타자. 12시부터 2시간마다 출
발하는 유람선을 타면 약 1시간 30분에 걸쳐 작약
도와 영종도를 둘러보고 영종대교까지 코앞에서
볼 수 있다. 유람선 각 층마다 중국기예단 공연,
7080 스타일 콘서트 등을 하고 있지만 아이와 함
께라면 새우깡 한 봉지 사 들고 갑판에 서서 갈매기와 노는 게 더 낫다.

승선 요금 대인 15,000원, 소인(5세~초등학생) 8,000원

문의 전화 코스모스유람선 (032)764-1171

찾아가기 8호선 김포공항역에서 공항철도로 환승, 인천국제공항역 하차-인천국제공항 청사 3층에서 영종도행 301, 302, 306번 버스 승차-을왕리 해수욕장 하차

(3) 지하철 8호선 김포공항역 — 을왕리 해수욕장

바다와 나란히 달리는 전철

김포공항역에서 인천공항역 가는 공항철도로 환승할 때까지만 해도 아무 기대를 하지 않는다. 그러나 어느새 차창 밖으로 바다가 펼쳐지면 아이와 동시에 감탄사를 연발하게 된다. 우아! 바다를 가로지르는 기차. 애니메이션 〈센과 치히로의 행방불명〉 속에서 나왔던 환상의 바다기차다. 그래서일까? 인천공항에 내리면 나도 비행기를 타고 어디론가 가고 싶다는 열망에 사로잡힌다. 배낭을 메고 트렁크를 손에 쥔 젊은이들이 부럽기만 하다. 하지만 아름다운 바다가 기다리고 있다. 을왕리다. 깨끗하지는 않지만 햇살이 번진 바다를 바라보며 반원형으로 포근히 안긴 모래사장을 걸으면 비행기 못 탄 안타까움은 사라지고 배낭여행 부럽지 않은 여행자가 된다.

여름이라면 바로 옆 왕산 해수욕장으로!!

여름에 길을 나선다면 을왕리와 연결된 바로 옆의 왕산해수욕장으로 가자. 서해 바다라는 사실이 믿기지 않을 정도로 고운 모래가 펼쳐진 너른 백사장과 제법 파도도 밀려오는 바다가 있어 해수욕을 즐기기에는 을왕리보다 좋다.

찾아가기 1호선 온양온천역 하차-역 앞 버스 정류장에서 120번 버스 승차

(4) 국철 1호선 온양온천역 — 외암민속마을

아무 데나 멀리까지 가보고 싶어. 전철 타고 충청남도까지

웬만한 거리의 기차 여행만큼이나 긴 시간 전철을 탔으니 여행 기분 내기에는 충분한 듯. 그러나 이곳까지 와서 다시 돌아가는 전철을 타기에는 섭섭하다. 외암민속마을은 실제로 사람들이 거주하는 살아 있는 마을이다. 마을 입구의 물레방아와 솟대를 비롯해 옛 멋이 그대로 살아 있는 마을 곳곳을 둘러보면 타임머신 타고 조선시대로 온 기분이다. 드라마나 광고 촬영지로 TV에 자주 등장하는 곳이기도 하다. 아이 손 잡고 돌담을 따라 걸어도 좋고 마을 주변으로 펼쳐지는 한적한 농촌 풍경에 흠뻑 빠져들 수도 있다.

온양온천역에 내리면!!

역에 내리면 관광안내소부터 가보자. 외암마을 외에도 현충사, 세계꽃식물원, 공세리성당 등 온양온천역 인근의 관광 정보를 얻을 수 있다.
온천시티투어버스를 타면 인근의 관광지들을 편하게 둘러볼 수 있으며 승차권은 관광안내소에서 구입할 수 있다.
요금 성인 6,000원, 만 4세 이상 5,000원, 만 4세 이하 무료

엄마와 아이의 배낭에 넣어야 할 것

1. 긴팔 셔츠나 점퍼

입고 나가는 복장 외에 얇은 바람막이용으로 준비할 것. 변덕스러운 날씨에 대비하자. 한여름, 냉방이 심한 지하철에서 요긴하게 쓰인다.

2. 500ml 용량의 생수 한 병

예쁜 물병보다는 시중에서 파는 생수통이 잃어버려도 부담 없어 좋다.

3. 간단한 도시락

걸으면 배가 고파지는 것은 당연하다. 직접 만든 주먹밥도 좋고, 동네 김밥집에서 간단하게 해결해도 좋다. 쉬는 동안 벤치에 앉아 소풍 나온 기분도 만끽하고 과자 부스러기 대신 밥알을 먹이는 뿌듯함도 느낄 수 있다.

4. 일회용 밴드와 상처 전용 연고
야외 활동에서는 넘어지고 깨지는 것이 다반사. 늘 가지고 다니던 것도 급할 때는 없는 머피의 법칙을 한 번씩은 겪는 일. 당황하는 일 없도록 반드시 챙기자.

5. 색종이나 기타 등등
지하철에서 지루해하는 아이를 위한 엄마의 깜짝 이벤트. 주변 사람들에게 피해를 수지 않는 것들로 준비한다. 조용히 앉아 있는 것에 지루해하며 하품하는 아이에게 '짠' 하고 내밀어보자.

6. 비닐봉지
쓰레기 처리용.

7. 카메라
여행 필수품. 작고 가벼운 자동 카메라로.

tip 아이 배낭에 추가로 넣어야 할 것

8. 작은 수첩과 아이가 좋아하는 색깔의 색연필 몇 자루
종합장보다는 작은 크기의 수첩 그리고 색연필. 12자루 한 세트도 짐이다.

※아이의 배낭을 책가방으로 만들지 말자. 책은 집에서 보는 것만으로도 충분하지 않나?

걷는 두려움을 극복하는 워밍업 코스

워밍업은 총 3회에 걸쳐 떠난다. 전철을 타고 여행지를 가볍게 걷는 코스로서 걷는 시간을 최소화하고 아이와 산책하듯 다녀올 수 있는 곳으로 정한다. 연약하기만 한 아이의 종아리에 단단하게 힘이 붙도록 열심히 걸어보자.

찾아가기 1호선 오산대역. 역에서 나와 길 하나만 건너면 수목원 정문이다.

(1) 부담 없이 떠나는 소풍 — 물향기수목원
약 2km를 걷자

10만여 평의 부지 위에 1만 6천여 종, 4만 2천 5백여 본의 식물이 식재되어 있는 경기도 오산의 물향기수목원. 가장 큰 장점은 휴관일인 월요일을 제외하고 상시 개방하며 지하철 1호선 오산대역 바로 앞에 있다는 점이다.

경기도 포천의 국립광릉수목원이 사전에 인터넷으로 신청을 받아 제한된 인원만 둘러볼 수 있고, 서울의 홍릉수목원이 토요일과 일요일에만 개방되는 것에 비해 물향기수목원은 훨씬 접근이 쉽다. 물론 광릉수목원이나 홍릉수목원처럼 울창한 숲을 볼 수는 없지만 나무에 대해 잘 모르는 일반인이나 어린이들이 나무와 친해질 수 있도록 곳곳을 알차게 꾸며놓았다. 소풍 가듯 가벼운 마음으로 떠나보자.

방문자 센터에서 주는 수목원 안내 팸플릿에 자세한 안내도가 나와 있어 어렵지 않게 수목원 한 바퀴를 돌아볼 수 있다.

아이들의 시선을 대번에 잡아끄는 아기자기한 토피어리관과 미로원, 울창한 메타세쿼이아 숲, 습지생태원이 물향기수목원의 자랑이다. 흔히 볼 수 있으나 이름은 알 수 없던 나무들이 친절한 설명이 곁들여져 군락을 이루고 있고 그 아래로 철 따라 피고 지는 야생초들이 발길을 잡는다.

다양한 수생식물들이 자라는 호수 주변으로는 쉬어갈 수 있는 벤치가 넉넉하게 자리 잡고 있고 아이들이 지루해할 때쯤이면 나타나는 미니 동물원도 반갑다. 걷다가 지칠 때쯤에는 시원한 소나무 숲이 있고 수목원 전체를 조망할 수 있는 전망대도 기다리고 있다.

숲에 기대어 사는 다양한 곤충들을 알아볼 수 있는 곤충생태원과 나무박물관에서는 아이도 엄마도 진지한 학생이 된다.

나무들이 하늘을 가린 그늘 깊은 수목원은 아니지만 나무와 친해질 수 있는 다양한 공간으로 구성된 정감 있는 수목원이다.

🍴 식사와 매점

수목원 안에는 식당이나 매점이 없으니 미리 도시락을 준비하자. 오산대역 앞에도 식당은 없다. 도시락은 수목원 입구의 지정된 장소에서만 먹을 수 있으니 수목원을 둘러보기 전 미리 식사를 하고 움직이는 것이 좋겠다.

ⓘ 이용 정보

개관 시간 하절기(3월~10월) 9:00~18:00
　　　　　　동절기(11월~2월) 9:00~17:00
휴관일 매주 월요일(월요일이 공휴일인 경우 그다음 날)
입장료 어른 1,000원, 청소년 700원, 어린이 500원
문의 전화 물향기수목원 방문자안내센터 (031)378-1261
홈페이지 http://mulhyanggi.gg.go.kr

찾아가기 9호선 선유도역─선유도에서 가장 가까운 지하철역이다. 지하철 2, 9호선 당산역─한강시민공원을 걸어서 가는 길이다. 선유도공원까지 걷는 거리는 약 1.2km

(2) 한강 위에 떠 있는 섬 속으로 ─ 선유도공원

여의도, 밤섬과 함께 한강 위에 떠 있는 섬들 중 하나다. 양화대교 남단이 섬의 한쪽을 가로지르는 선유도는 '신선이 노니는 섬'이라는 뜻으로 원래 선유정수장이 있던 곳이 2002년 아기자기한 생태공원으로 변신했다. 한강시민공원 양화지구에서 보행자 전용 다리인 아치 형태의 선유교를 지나면 곧바로 공원으로 이어진다. 한강 위에 둥실 떠 있는 초록의 정원이라 할 수 있다. 크지 않은 섬이 아기자기한 공간으로 꽉 차 있어 아이와 함께 돌아보는 나들이 코스로 제격이다.

공원의 중심은 4개의 테마로 이루어진 공간. 수련과 갯버들이 자라는 수생식물원, 당귀, 고사리 식물, 자작나무 등을 식재해놓은 시간의 정원, 건물 기둥을 따라 담쟁이 넝쿨이 자라는 녹색기둥의 정원, 부레옥잠, 창포 등이 자라는 수질 정화원. 이 모두가 정수장 시설물을 그대로 살려 만든 공간이다.

주변으로는 한강의 역사와 함께 서울의 이모저모를 전시해놓은 디자인서울갤러리와, 야

간 분수대, 흘러가는 한강을 내려다볼 수 있는 선유
정, 식물원과 환경 물놀이터 등이 있어 천천히 돌아
보며 산책할 수 있는 길이 이어진다. 강에서 불어오
는 시원한 바람을 맞으며 공원을 걸으면 마음까지
초록으로 정화되는 느낌이다.

콘크리트 구조물과 녹색식물들이 보여주는 조화가
독특해 사진 촬영지로도 사랑받고 있으며 특히 야간
에는 공원 곳곳에 설치된 조명 시설이 환상적인 분
위기를 연출하여 해 질 무렵에 더욱 활기가 넘친다.

🍴 매점과 화장실
카페테리아와 매점이 있고, 공원 입구와 양화대교 부근 방문자안내소, 디자인서울갤러리에
화장실이 있다.

ⓘ 이용 안내
입장료 없음
개방 시간 6:00~24:00 연중무휴
인라인스케이트와 자전거는 진입 금지

찾아가기 5호선 광화문역 5번 출구. 동아일보사를 지나 작은 횡단보도를 건너면 청계광장이다.

(3) 서울 한복판을 횡단하는 아기자기한 물길 ─ 청계천

청계광장에서 시작해 약 8km를 흘러 한강에 이르는 청계천. 그중 약 6km 구간을 따라 걷는 코스다.

고층건물들이 호위하듯 양쪽으로 솟아 있고 콘크리트 구조물을 따라 흘러가는 인공 물길이 다소 어색하지만 도심 속의 진공 공간을 걷는 느낌이 신선하다.

대중목욕탕 욕조만 한 크기의 분수대에서 시작된 물길은 22개의 다리를 거치면서 그 폭을 확장하여 청계천 9가를 거쳐 고산자교를 지나면 제법 개천의 품새를 보이고 점점 넓어져 마침내 중랑천과 합류해 한강으로 흘러간다.

모전교에서 시작해 광통교, 수표교, 배오개다리, 버들다리 등 모두 22개의 다리가 가로지르고 있어 아이들과 함께 다리 이름 맞히기 게임을 하거나 물길의 북쪽과 남쪽을 자유로이 오갈 수 있는 돌다리를 총총 건너는 것도 청계천 걷기의 재미 중 하나이다. 청계광장에서 열리는 다양한 이벤트와 청계천변 곳곳에서 열리는 기획전시도 알찬 볼거리다.

대한 8경처럼 웅장하지는 않지만 청계천 8경이 나름의 멋을 뽐내고 있는 것을 볼 수 있으니, 분수와 폭포 조명이 어우러지는 청계광장과 조선시대 어가와 사신이 드나들던 광통교, 단원 김홍도가 그린 정조의 화성 행궁 행차 모습을 그대로 옮겨놓은 정조반차도, 동대문 의류 타운의 패션문화를 상징하는 문화의 벽, 아낙네들이 모여 빨래하던 곳을 재현해놓은 빨래터, 시민 2만여 명의 소망을 타일에 그려 붙여놓은 소망의 벽과 청계천을 따라 서 있던 고가차로의 교각 일부를

남겨놓은 존치교각과 터널 분수, 마지막으로 오리와 원앙이 사는 버들습지.

이 모두를, 걷는 동안 하나도 놓치지 않고 만날 수 있다. 코스의 마지막에 있는 청계천 문화관에 들르면 청계천의 옛 모습을 담은 사진 자료와 다양한 전시물을 볼 수 있고 건너편에는 1960년대 청계천 변의 풍경을 실감나게 재현해놓은 재미난 공간도 있다.

🚕 돌아오는 길

청계천문화관을 지나 신답철교가 보이면 돌다리를 건넌다. 왼쪽의 대로변을 따라 50여 m쯤 가면 지하철 2호선 용두역이다.

🍴 화장실과 매점

걷는 코스 안에는 화장실이 없어 계단으로 올라와 인근의 개방형 화장실을 이용해야 하는 불편함이 있기는 하지만 안내판이 잘 설치되어 있어 찾는 것은 어렵지 않다. 매점도 없으니 간단한 음료와 간식거리를 준비해야 한다. 청계천 5가를 지나 동대문과 연결되는 오간수교의 왼쪽 계단으로 나가면 광장시장이다. 광장시장 안에는 녹두빈대떡, 잡채, 떡볶이 등 군침 도는 먹을거리가 늘어선 먹자골목이 있으니 꼭 들러보자.

ⓘ 이용 안내

청계천 안내 홈페이지 http://cheonggye.seoul.go.kr
청계천문화관 홈페이지 www.cgcm.go.kr
관람 시간 평일 9:00~21:00 토, 일, 공휴일 10:00~19:00 동절기(11월~2월)는 18:00시까지
휴관일 1월 1일, 매주 월요일
관람료 무료

2부

손 잡고 걸으며
이야기를 만들자

1장
걸어야만 보이는 것들_아이를 걷게 하자

오로지 집을 나설 때 계획했던 바로 그 목적지에 도착하기 위해 여행을 하는 것은 아니다.
'드디어 여기 왔구나!' 하는 기쁨, 그곳에서 누릴 즐거움만을 위해 여행을 하는 것은 아니다.
많은 이들이 '그곳'에 도착하기까지의 과정을 통해 더욱 소중한 것을 얻는다고 말한다.
'걷기 여행'은 길을 따라 걷는 과정 자체를 즐기는 여행이다.

걸어야만 보이는 것들이 있다.

나에게 선물처럼 다가오는 여행지를 삶의 터전으로 삼고 살아가는 사람들.
시멘트 담벼락에 기대어 피어난 길가의 민들레.
이마에 맺힌 땀방울을 식혀주기 직전, 코앞의 나뭇가지를 먼저 흔들어주는 바람.

걸어야만 알 수 있는 것들이 있다.

내 아이의 눈이 무엇을 끌어당기고 있는지.
내 아이의 손이 무엇을 만지고 있는지.
내 아이의 가슴이 무엇을 느끼고 있는지.

1. 바다를 찾아가는 길
동인천역에서 월미도까지

바다는 어디 있을까?

푸른 파도 소리가 없어도, 하얀 백사장이 없어도 '바다'라는 단어를 마음에 품고 떠난다. 부개, 백운, 간석…… 멀리 떠나온 느낌을 주는 명칭의 역들을 지나, 날것의 냄새가 풍겨오는 제물포역을 지나 동인천역에 내린다. 그러나 정작 동인천역에 내려도 바다는 보이지 않는다. 분주히 오가는 차량들과 지하상가에서 쇼핑을 즐기는 사람들 사이를 걸으며 여행자로서의 자세를 가다듬는다. 자, 일상에서 떨어져 나와 바다 냄새가 나는 곳을 향해 걸어보자.

신포시장에서 자유공원으로 가는 길

동인천역에서 지하상가를 통과해 신포시장 입구에서 여행을 시작한다.

신포시장의 명물인 닭강정을 그냥 지나칠 수 없어 "금강산도 식후 경"이라는 속담을 실행에 옮긴다. 지금은 치킨을 전화로 시켜 먹지 만 어릴 때만 해도 시장에서 사다 먹지 않았나. 작은 분식집 같은 분 위기에 모두들 같은 메뉴인 닭강정을 먹고 있으니 어색하지도 않다. 든든하게 배를 채우고 나니 100km 행군이라도 할 수 있을 것 같다.

학창 시절, 떡볶이 못지않게 즐겨 먹었던 쫄면의 원조가 바로 이 신 포시장이라는데 쫄면은 다음 기 회로 미뤄둔다.

길지 않은 시장 통을 빠져나오니 다양한 브랜드의 의류매장들이 즐비하다. 재래시장 바로 옆 최신 유행을 뽐내는 쇼윈도 또한 재밌 는 풍경을 자아낸다. 이 거리는 '신포동 문화의 거리'라는 이름 을 달고 있다. 그냥 '패션의 거 리'쯤으로 해도 좋지 않았을까?

이곳에서 자유공원으로 가는 길이 진짜 '문화의 거리'라 할 만하다. 서양의 문물을 받아들인 개항의 역사, 근대사의 일면을 볼 수 있는 곳이 바로 여기다. 문화재로 지정되어 있는 중구청 건물을 비롯해 일제 강점기에 은행으로 쓰인 건물도 남아 있고 드문드문 적산가옥도 눈에 띈다. 특히 해발 69m의 응봉산 정상에 자리 잡은 자유공원으로 가기 위해 제법 가파른 언덕을 올라 만난 홍예문(무지개 모양의 문)은 1908년에 만들어진 것이라는데 현재까지도 그 모습을 유지하고 있으며 홍예문의 위쪽은 왼쪽 동네와 오른쪽 동네를 연결하는 다리 역할도 하는 재미난 모양이다.

홍예문을 등지고 올라온 길을 돌아보니…… 앗! 바다다. 손가락 하나로 가려질 만큼 작은 바다.

그냥 바다라는 것만 짐작케 해주는 서해 바다의 어느 언저리. 바다를 향해 가는 중이라는 걸 잠시 잊고 있었다.

자유공원에서 차이나타운으로 내려앉다

"나는 콩사탕이 시러요!" 이제는 썰렁한 개그로 기억될 뿐 요즘 학생들은 알지 못하는 이승복 어린이의 동상을 오버랩 시키며 맥아더 장군의 동상 앞에 섰다. 단체여행 오신 할머니, 할아버지 들도 사진 촬영을 위해 자세 한번 잡아주실 뿐 특별한 감흥은 비치시지 않는다. 동상이 그 유명한 파이프 담배를 입에 물고 라이방 선글라스를 쓰고 있었다면 '님, 좀 짱인 듯' 하고 봐주겠는데, 안타깝게도 묵직한 망원경만 손에 들고 있다.

자유공원은 우리나라 최초의 근대식 공원으로서 인천이 개항할 당시 공원 인근이 모두 외국의 조계지였기에 '만국공원'이라 불렸다고 한다. 한국전쟁이 끝난 후인 1957년, 인천상륙작전을 기념하기 위해 맥아더 장군의 동상이 세워지면서 자유공원으로 이름이 바뀌었다. 인천상륙작전 성공으로 자유를 찾았다는 얘기인데…… 만국공원보다는 자유공원이라는 이름이 더 멋지긴 하니까. 여기서는 말동무가 필요한 어르신들이 자유롭게 한나절을 보내시고, 인간들의 퇴치 작전에도 불구하고 용케 살아남은 비둘기 몇 마리가 자유로이 먹이를 찾고, 나 또한 40년 넘게 살아왔으나 아직도 깨치지 못한 '자유'의 참뜻을 찾아 자유롭게 걷는 중이지 않은가.

공원 이름 덕분에 0.0001mm쯤 자유로워진 영혼은 신포시장에서 닭강정으로 얻은 포만감을 벌써 잊은 채 자장면 냄새를 좇아 차이나타운으로 내려선다.

차이나타운에서 인천역 앞으로

인천이 개항을 하고 중국인들이 모여 살고, 그 후 화교들이 그들만의 거주지를 이루며 살던 차이나타운은 이제 세 개의 패루와 삼국지의 내용을 그림으로 풀어놓은 벽화길, 기념품 가게 들이 있어 꼭 영화 세트장 같은 느낌을 준다. 북적대는 나들이 인파로 활기가 좀 채워지면 진짜 차이나타운답게 변하겠지만 오가는 사람이 몇 없는 평일이라 좀 심심하다.

유림반점이 생각난다. 어렸을 때 살던 동네 중국집 이름이다. 버들 '柳(유)'자와 수풀 '林(림)', 두 개의 한자를 나는 이 집 간판을 통해 배웠다. 2층 목조 건물의 난간에 매달려 있던 홍등. 가게 앞 공터, 딱지치기 삼매경에 빠진 아이들을 쫓아내던 화교인 사장 아저씨의 걸걸한 목소리. 기름 냄새, 짜장 냄새, 달짝지근한 단무지 냄새.

신포시장에서 먹은 닭강정이 위에서 빠져나가려면 아직 멀었지만 태림봉으로 간다. 얼큰한 짬뽕 국물로 소화제를 대신하는 거다. 듬뿍 들어간 해물이 바닷가에 와서 회 한 점 못 먹는 아쉬움을 달래주겠지.

인천역을 지나 월미도로

차이나타운의 패루를 빠져나오니 바로 앞이 인천역이다. 고 3 때 야간자율학습을 땡땡이 치고 처음 왔을 때나 20여 년이 훌쩍 지난 지금이나, 똑같은 모습으로 서 있는 인천행 전철의 마지막 종착역. 대로변을 향해 서 있는 공중화장실과 서늘한 그늘로 메워진 손바닥만한 역전이 흡사 시골 간이역처럼 작고 초라해 보여도 그 모습 그대로 있어 주어 고맙다.

기억 속에서만 존재하는 것들……. 얼마나 많은 것들이 변하고 있느냐 말이다. 기억 너머로 사라진 것들, 내 의지와 상관없이 야금야금

공간을 확장해가는 망각이라는 이름의 폴더. 더블 클릭 금지다.

목재 나르는 화물열차가 다니던 철길을 건너 월미도 이정표를 따라 걷는다. 육지와 떨어져 있던 월미도는 지금 걷고 있는 1km의 길로 연결되면서 섬 아닌 섬이 되었다. 인천역과 월미도를 운행하는 모노레일 공사가 한창이다. 모노레일을 타고 바다까지 가게 되면 멋지겠지만 지금은 무표정한 공장 건물을 나란히 하고 걷는다. 이게 또 월미도를 향해 걸어가는 맛이다. 어디론가 실려가는 엄청난 길이의 목재들. 어디 가서 목재 공장의 톱밥 냄새를 맡아보겠나. 애니메이션 〈미래 소년 코난〉의 배경과 같은 삭막한 공장지대를 빠져나가면 햇살을 받아 반짝이는 바다가 있는 것이다.

그래도 너는 바다야!

'월미도' 하면 양미간부터 모으는 사람들도 있다. 식당 아줌마들이 호객 행위를 하느라 길을 막는 횟집들, 개성 없이 유리창만 큰 카페들. 그리고 무엇보다 똥물. 그래도 월미도는 섬이고 거기 바다가 있다. 그래도 사람이고, 살아가야 할 세상인 거랑 똑같이.

하얀 백사장과 푸른 바다를 생각하면, 통통배와 펄떡이는 물고기들이 있는 포구를 생각하면 월미도의 풍경은 그저 민망할 뿐이다. 모노레일이 바다를 따라 깔려 있기 때문에 답답함까지 얹힌다. 월미도의 상징처럼 된 놀이기구들은 부끄러운 줄 모르고 괴성을 지른다. 그러나 사람들은 월미도를 찾고, 월미도의 매력 또한 그들이 만들어낸다.

특별할 것 없는 일상을 살다 길을 나선 사람들의 특별할 것 없는 눈길이. 동해 바다의 수평선을 바라보는 것과는 다른 요란하지 않은 감탄이. 자신들의 사랑에 운명의 잣대를 대어보려 사주팔자라고 쓰여 있는 파라솔 아래 나란히 앉은 연인들의 뒷모습이. 나름대로 멋을 낸 사춘기 소년들의 과장된 수다가. 유치원생처럼 무리 지어 걷는 어르신들의 느린 걸음이. 솜사탕 때문에 벌어진 엄마와 아이의 실랑이가. 그리고 어둠이 내려도 외롭지 않은 가게의 불빛들이. 무엇보다 일상으로 돌아가는 일이 어렵지 않은 짧은 나들이의 미덕이. 월미도 선착장에서 배를 타고 20분이면 도착하는 코앞의 섬 영종도가 피식 웃는다.

'우리는 섬일까?'

뻘이 섞여 있어 회색빛인 바다도 웃는다.

해안도로 양편을 지키고 서 있는 등대가 말해준다.

"너는 섬이고, 너는 바다야."

여기는 꼭!!
월미공원

공장지대와 바다를 철책으로 가로막고 있던 월미산의 해군부대가 이전하면서 바다는 더욱 가까워졌다. 군부대가 있던 산 전체가 공원으로 조성되었다. 우리나라 고유의 정원을 아기자기하게 재현해놓은 '한국전통정원'을 지나면 월미산 정상으로 올라 인천 앞바다를 한눈에 조망할 수 있다. 정상의 전망대에 올라 해안도로에서 보는 것과는 차원이 다른 바다 풍광을 즐겨보자. 정상에서 월미도해안도로 쪽으로 내려가는 길이 있다.

동인천역에서 월미도까지 걷기 여행 지도

• **교통편**

찾아가는 길 : 1호선 동인천역에서 내린다. 지하철역 바로 앞의 지하상가로 들어가 27번 출구로 나가면 우리의 출발점인 신포시장이다.

돌아오는 길 : 월미도에서 2, 15, 23, 45번 버스를 이용해 인천역으로 나와 지하철을 타고 돌아온다. 월미도에서 인천역까지 택시를 이용하면 2,200원 정도 (2009년 4월 기준) 나온다.

• **식사와 화장실**

신포시장 입구에 아이와 함께 먹을 만한 간식거리들이 많이 있으니 시장구경도 하고 배도 채우자. 차이나타운에는 중식당들이 즐비하다.

걷는 구간에서 매점이나 편의점을 쉽게 찾을 수 있다. 화장실은 자유공원과 인천역에서 들렀다 가는 것이 좋겠다.

17 버스 정류장

16 월미도 선착장

15 놀이 공원

월미도 **14**

▲ 월미산

13 월미공원의 전망대

12 공장지대

11 인천역

8 삼국지 벽화의 거리

맥아더 장군 동상

7 자유공원

1 동인천역

2 지하상가

6 홍예문

고가도로

인천 부두

차이나타운

9 태림봉— 자장면과 짬뽕

인성여중고

27번 출구

5 중구문화원

4 닭강정

10 패루

3 신포 시장

바 다

15. 놀이공원

월미도의 명물이 된 놀이동산. 빙글빙글 돌아가는 월미디스코는 직접 타는 것보다 구경하는 것이 더 재미있다고.

17. 버스 정류장

인천역으로 나가는 버스를 타는 곳. 2, 15, 23, 45번 버스를 이용. 택시를 이용하면 인천역 앞까지 2,200원 정도 나온다. (2009년 5월 기준)

11. 인천역

인천역 바로 옆의 관광안내소에 들러보자. 인천 지역을 소개하는 다양한 관광 안내 팸플릿을 구할 수 있다. 인천역을 오른편으로 끼고 돌아 철길을 건넌다. 도로 이정표를 보고 월미도를 향해 가면 된다.

12. 공장지대를 통과한다

많은 차량이 오가는 길이 짜증스러울 수도 있다. 그러나 채 1km도 되지 않으니 즐거운 마음으로 걷자.

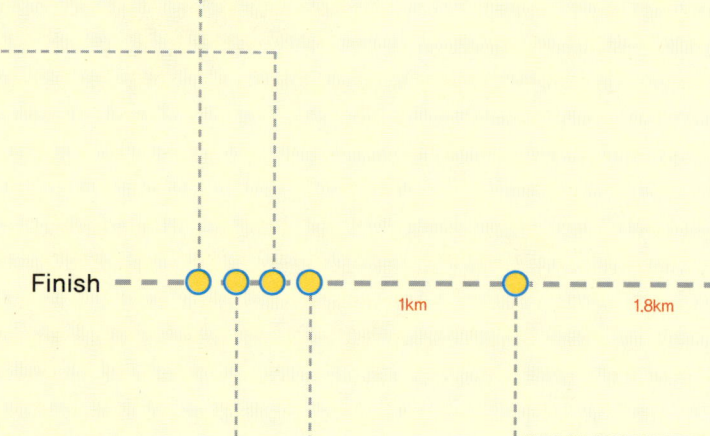

Finish

1km   1.8km   600m   30m

14. 월미도

드디어 바다. 다양한 조형물들이 늘어선 해안가를 천천히 걸어보자.

16. 월미도 유람선

월미도 선착장에서 출발해 작약도, 무의도, 팔미도 등을 돌며 인천 앞바다의 풍광을 즐길 수 있는 유람선이다. 운행 시간은 약 1시간 30분 정도. 2시간 간격으로 배가 출발하는데 일정한 것은 아니니, 전화 문의는 필수. 일몰 시각에 맞추면 멋진 노을을 덤으로 볼 수 있다.
요금 어른 15,000원, 어린이 7,500원
문의 전화 코스모스유람선
(032)764-7571

13. 월미공원의 전망대

공원 입구에서 곧장 걸어가면 월미도 앞의 바다. 그러나 우리는 왼편의 월미공원으로 들어선다. 한국식 정원을 재현해놓은 아기자기한 공원. 기와지붕을 얹은 한옥과 아담한 정자, 초가집 등이 아이들과의 얘깃거리를 만들어준다. 무엇보다 울창한 숲 사이로 난 나무 계단을 오르면 월미산 정상의 전망대를 만날 수 있는데 그곳에서 바라보는 서해 바다의 풍광이 아주 멋지다.

7. 자유공원
개항 초, 인근에 외국인들이 많이 살았던 까닭에 자연스레 만들어진 공원. 만국공원이라 불리다가 일제가 서공원이라 이름을 바꾸었고 한국전쟁 후 인천상륙작전을 성공시킨 맥아더 장군을 기념하는 동상을 세우면서 자유공원으로 부르게 되었다. 맥아더 장군 동상을 비롯해 한미수교 100주년 기념탑이 있고 오랜 역사를 지닌 공원인 만큼, 아름드리 플라타너스와 벚꽃나무가 공원을 꾸미고 있다. 응봉산 정상에 자리 잡고 있어 시원한 조망을 자랑한다.

• 자장면 4,000원
• 짬뽕 6,000원

9. 태림몽 – 자장면과 짬뽕
자장면보다는 진한 짬뽕으로 더욱 유명한 집.
032) 763-1688

1. 동인천역
동인천역에서 내리면 출구를 빠져나와 바로 앞의 지하상가로 들어간다.

3. 신포시장
학창 시절 즐겨 먹던 쫄면의 원조가 신포시장이라고. 지금은 닭강정으로 유명하다. 닭강정 외에도 떡집, 만둣집 등이 시장 입구에서부터 쭉 늘어서 있으니 아이와 함께 요기를 하거나 간식거리를 사면 좋겠다.

5. 신포동 역사문화의 거리
1900년대 초 우리나라가 처음으로 외국에 문호를 개방할 때 그 시발점이 된 곳이 바로 인천의 중구 일대다. 현 중구청 건물을 중심으로 지금도 남아 있는 몇 개의 건물들은 당시 일본 은행으로 쓰였다. 일본에 의해 강제 개항을 한 슬픈 역사의 장이기도 하다.

Start

300m 400m 250m 200m 100m 600m 500m

6. 홍예문
역사문화의 거리에서 자유공원을 향해 오르는 언덕 끝에 있는 화강암을 쌓아 만든 문. 차량이 오가는 이 문은 무지개 모양을 닮았다 해서 홍예문이라 불리는데 인천의 남과 북을 연결하기 위해 일본의 공병대가 만든 것이라고 한다. 1908년에 완공된 것이니 100년 세월이 흐른 문이다.

8. 차이나타운 삼국지 벽화의 거리
자장면만 떠올렸던 차이나타운이 주는 깜짝 선물. 소설 삼국지의 내용을 벽화로 그려놓은 거리. 길 양쪽으로 모두 127장의 그림들에 삼국지 주요 장면들이 담겨 있다. 질문 많은 아이들 앞에서 망신당할 걱정은 안 해도 된다. 그림 밑에 자세한 상황 설명이 있으니까.

10. 패루
차이나타운을 상징하는 패루는 모두 3곳에 있다. 그중 제3패루를 통과하면 바로 길 건너편에 인천역이 있다.

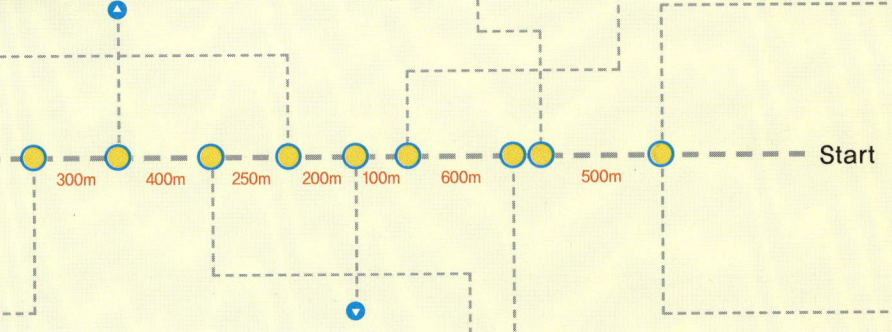

2. 역 앞 지하상가
동인천역 앞의 지하상가는 의류, 신발, 잡화매장이 늘어서 있는 패션 거리다. 눈요기하기에 딱! 27번 출구로 나가면 신포시장이다.

4. 신포시장의 명물 닭강정
닭강정 가게는 두 집이 나란히 있는데 왼쪽의 가게에 손님이 더 많은 듯하다. 맛에 대한 평가는 비슷비슷. 달콤한 맛, 매콤한 맛 두 가지로 주문할 수 있고 프라이드치킨도 있다. 무엇보다 양이 푸짐해서 좋다. 가격은 두 사람이 먹을 만한 양의 반 마리 소(小) 자가 8,000원, 한 마리 12,000원

2. 걷는 즐거움을 느껴봐

몽촌토성

'네 시작은 미약하였으나 네 나중은 심히 창대하리라'

종교인은 아니지만 걷기 코스에 첫 걸음을 내디디며 성경의 한 구절을 떠올린다. 걸어보지 않은 길에 대한 무지함과 아이와 무리 없이 잘 걸을 수 있을지에 대한 두려움으로 뚜벅뚜벅 앞으로 향하는 마음이 자꾸만 작아진다.

알고 있던 정보와 어긋나는 환경에 당황하고 평상시와 다른 모습을 보이는 아이의 행동에 가던 걸음을 멈춰야 하지만 마침내 그 길의 끝에 도착하면 어떤가. 지나온 길에서 겪은 일들은 모두 잊고 작았던 마음이 무한대로 열려 있음을 느끼게 되지 않는가.

지금 내딛는 걸음이 힘겨울지라도 신발 끈을 다시 조이며 가슴을 펴는 이유는 이 길의 끝에 섰을 때 아이와 내 마음에 넘칠 기쁨과 희망 때문이다.

누가 등 떠밀지 않아도 스스로 길을 열어나가는 힘이 내 안에 있음을 각성하며.

수천의 사람, 수만의 길

45만 평 넓이의 올림픽공원은 길의 공원이다. 공원 전체에 거미줄처럼 길들이 펼쳐져 있고, 하나의 길이 또 다른 이름의 길과 만나 새로운 코스를 만든다.

짧게는 1.3km의 호반길이, 길게는 4.2km의 연인의 길이, 토성길, 젊음의 길, 추억의 길과 어우러지고 내 마음 가는 대로 길을 잡아 걸으면 누구도 가지 않은 나만의 길이 만들어진다.

1988년 서울올림픽 개최를 계기로 만들어진 올림픽공원은 공원의

중앙에 자리 잡고 있는 몽촌토성을 제외하고는 변변한 그늘 하나 없이 초록의 잔디만 깔려 있던 곳이었다. 올림픽 기념관과 경륜장, 수영경기장 등의 체육관 시설이 전부였던 공원이 20년 가까운 세월을 지나며 초록이 무성한 쉼

터로 바뀌었다. 사람의 힘이다.
인기를 끌던 드라마 촬영 장소로,
드라마 소품으로 놓인 아름다운
벤치를 찾는 사람들이 늘어나면서
토성의 구릉마다 벤치가 놓이고,
사람들이 오가던 언덕에 길이 생
겼다. 올림픽공원 안의 길이 거미
줄처럼 펼쳐지게 된 이유다.

2천 년 세월이 깃든 몽촌토성

몽촌토성은 백제시대 초기에 만들어진 것으로 추정되는 토성이다.
기원전 18년, 온조왕을 시조로 한강 유역에 건국한 백제의 중심인
셈이다. 큼지막한 화강암으로 쌓은 성이 아니라 자연의 지형지물을
최대한 이용한 원시적인 성으로 성을 안전하게 보호하는 가장 큰 힘
은 한강물이었다. 주변을 흐르는 성내천을 따라 목책을 쌓고 물이
끊어진 부분은 인공적으로 물을 끌어와 호수를 만들었다. 해자가 바
로 그것이다. 올림픽공원 입구 세계평화의문을 지나면 보이는 호수

가 몽촌토성의 해자다.

움집 형태의 주거지와 저장용 구덩이, 무덤을 비롯해 백제시대의 철기문화를 엿볼 수 있는 무기류가 발굴되었지만 통일신라시대 이후로 성으로서의 역할을 다하게 된 토성에서는 고려시대나 조선시대의 유물은 발굴되지 않았다. 군데군데 남아 있는 목책과 해자가 2천 년 전 이 길이 토성이었음을 알려주고 있다.

공원의 여기저기를 잇는 길들 중 가장 아름다운 길이 몽촌토성길이다.

토성길을 따라 오르락내리락

토성의 왼쪽 길을 따라 걷는다. 2천 년 세월의 흔적은 찾을 수 없지만 구릉을 따라 이어지는 길이 한 폭의 그림 같다. 왼쪽으로는 급경사를 이루는 언덕이 있고 오른쪽으로는 완만한 구릉지가 펼쳐진다. 언제부터 자라고 있었는지 초록의 잔디밭 가운데 소나무 한 그루가 외로이 서 있고 작은 동산 하나가 곁을 지키고 있다. 방어를 위해 일부러 쌓은 것이 아니라 자연적인 구릉지다.

울창한 소나무숲 사이로 난 길, 언덕을 오르는 계단, 시원스러운 구릉지를 가로지르며 난 길, 벤치가 기다리는 오솔길, 야생화로 단장한 길. 길들의 천국이다. 2천 년 전, 한 나라를 보호하며 전쟁을 대비하던 토성이, 오늘은 아무 걱정 없는, 있던 걱정도 사라지게 하는 아름다운 길로 다시 태어났다.

몽촌토성길의 방점은 토성이 아니라 길 위에 찍힌다. 목책을 두르고 해자를 만들었던 선조들의 지혜는 학교 교과서에 실리는 것으로 충분하다. 나는 그저 현실이 아닌 듯 아름다운 길을 걸으며 감동할 뿐이다.

길에서 만난 몽촌토성역사관과 움집터전시관은 잊어도 좋다. 아름다운 풍경 속을 걸어간 오늘 하루가 아이의 마음에 오래오래 기억되기를 바랄 뿐이다. 오늘, 아름다운 길을 선물한 몽촌토성과 토성을 쌓았던 백제에 대해 궁금해한다면 금상첨화이겠고.

몽촌토성 걷기 여행 지도

성내천

⑤ 몽촌역사관
W.C

④ 왕따나무

⑥ 다시 토성길로   ⑦
                    몽촌토성의 목책

③ 몽촌토성길의 시작

몽촌토성의 해자를   ⑬
따라가는 길   다시 만난 ⑫
                     몽촌토성길의
곰말다리 ②   시작점   W.C   ⑧ 움집터전시관

                              ⑪ 백제시대 토성 안의
세계평화의 문 ①   조선시대 무덤   팔각정
공원안내센터

                              ⑩
        몽   몽촌토성의 중심
5   촌
4 1   토
3 2   성
        해   ⑨ 야생화 단지
        자
Start
W.C

Finish   ⑭ 소마미술관과
     음악분수   놀이터

• **교통편**
8호선 몽촌토성역 1번 출구

• **식사와 화장실**
올림픽공원 세계평화의문 입구에 식당과 편의점이 있고 걷는 길 중간 중간에 음료
수 자판기가 설치되어 있다. 화장실은 공원 입구와 몽촌토성역사관 근처의 피크닉
장, 움집터전시관 앞에 있다.

• **입장료**
무료, 연중 개방

올림픽공원 인터넷 홈페이지 http://www.sosfo.or.kr/olpark/

1. 세계평화의문
올림픽공원 입구의 상징물. 1988년 올림픽 개최를 계기로 '모든 사람은 이념, 인종 및 종교의 차이를 초월하여 전쟁과 폭력의 위협으로부터 벗어나 평화롭게 살기를 갈망한다'는 내용으로 시작되는 서울평화선언문 채택과 함께 만들어진 높이 24m, 폭 37m의 거대한 조형물이다. 양 옆으로는 '열주탈' 조형물이 함께 서 있다.

3. 몽촌토성길의 시작
곰말다리를 지나 바로 앞에 보이는 언덕길을 오르면 왼쪽으로 몽촌토성길이 시작된다.

5. 몽촌역사관
언덕을 내려와 네거리가 나오면 왼쪽으로 간다. 모퉁이를 돌면 몽촌역사관 건물이 보인다. 몽촌역사관에는 한 강 변에 자리 잡았던 백제의 주거 형태와 몽촌토성 모형, 유물 등이 전시되어 있다.

개관 시간 하절기(3월~10월) 10:00~17:00
　　　　　동절기(11월~2월) 10:00~16:00
휴관일 매주 월요일
관람료 무료

7. 몽촌토성의 목책
몽촌토성은 한강 변이라는 자연 지형을 이용해 만든 토성이다. 북쪽에는 따로 목책을 만들어 방어를 더욱 견고히 했음을 알 수 있다.

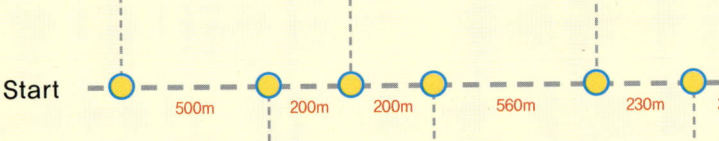

Start ─── 500m ─── 200m ─── 200m ─── 560m ─── 230m ─── 200m

2. 곰말다리
원래는 몽촌교라 불리다가 몽촌을 우리말로 바꾼 '꿈마을'의 옛말인 곰말을 따 곰말다리라 부르게 되었다.

4. 왕따나무
넓은 언덕에 혼자 서 있는 소나무 한 그루. 몽촌토성길의 명물이다. 몽촌토성을 사진 마니아들의 출사지로 사랑받게 한 주인공.

6. 다시 토성길로
몽촌역사관에서 나와 다시 네거리로 간다. 그곳에서 왼쪽의 언덕길을 오른다.

8. 움집터전시관
몽촌토성 유적지에서 발굴된 움집터와 출토된 철제 무기류를 전시해놓은 곳. 개관 시간은 몽촌역사관과 동일

10. 몽촌토성의 중심
토성의 가장 높은 곳을 지나는 길이다.

12. 다시 만난 몽촌토성길의 시작점
왼쪽으로 해자가 내려다보이는 능선을 따라 내려오면 처음 출발했던 몽촌토성길의 시작점과 만난다.

14. 소마미술관과 놀이터
토성길을 마무리하며 아이도 놀고 엄마도 쉴 수 있는 곳. 소마미술관 뒤편으로는 호수가 내려다보이는 커피전문점도 있다.

350m 450m 450m 50m 500m 150m 800m Finish

9. 야생화 단지
다양한 야생화를 식재해놓은 곳. 언덕을 따라 아기자기하게 꾸며놓은 정원이다.

11. 백제시대 토성 안의 조선시대 무덤
아들과 손자가 대를 이어 영의정을 지낸 우의정 충헌공 김구와 그의 부인인 이 씨의 무덤이라고. 고요한 소나무 숲 안에 나무 벤치가 있어 쉬어가기 좋다.

13. 몽촌토성의 해자를 따라가는 길
토성길을 한 바퀴 돌아 다시 곰말다리를 만나면 왼쪽으로 걷는다. 몽촌토성의 해자를 따라 걷는 길이다. 해자는 성을 보호하기 위해 만든 인공의 물길을 말하는데 몽촌토성은 한강의 지류인 성내천이 자연스럽게 성을 감싸고 있어 그 외의 지역에는 물을 끌어와 인공호수로 해자를 만들었다.

2부 손 잡고 걸으며 이야기를 만들자

3. 오늘을 사는 200년 전의 성
수원화성

현구네를 따라 걸으며

수원화성 걷기 여행은 현구네 가족과 함께
했다. 큰 아이 현구는 올해 초등학교 1학
년 그리고 둘째 현서는 여섯 살이다. 아
빠, 엄마와 함께 늘 여행을 다니는 아이들
이지만 엄마하고만 집을 나서는 여행은

처음이란다. 두 아이 모두 호기심이 많고, 한자리에 가만히 있지 않
는 혈기왕성한 아이들이다. 그래서 정해진 길을 끝까지 걸어야 하
는 걷기 여행을 잘해낼 수 있을까 하는 걱정과 함께 엄마 민선 씨가
두 아이를 혼자 건사하며 그녀 스스로도 행복감을 느낄 수 있을지
궁금했다.

하지만 모든 것은 나의 기우였다. 우리 집 아이들보다 훨씬 어린 두

녀석은 엄마에게 즐거움을 주며 걸었다. 가야 하는 방향과 정반대로 가겠다고 고집을 부려 엄마를 당황하게 만들기도 하고 배가 고파서 걸을 힘이 없다고 울먹이기도 했지만 아이들은 두 눈을 반짝이며 주변을 관찰하고 끊임없이 이어지는 성곽을 씩씩하게 걸었다.

그런 아이들을 바라보는 엄마 민선 씨가 행복한 것은 너무도 당연했다. 세상 속을 걷는 아이들의 자유분방한 모습은 아름다운 사진 한 장처럼 엄마의 마음속에 남게 되겠지?

오프로드 동호회에서 처음 만나 알게 된 민선 씨를 보면서 '참 씩씩한 엄마구나' 하고 생각했다. 아이들과 함께 걷는 민선 씨를 뒤에서 따라가며 다시 한 번 생각했다. 아이들이 맘껏 씩씩하게 행동할 수 있도록 자유를 주는 것이 엄마가 가져야 할 지혜라는 걸 말이다.

다음은 엄마 민선 씨의 여행기입니다

현구랑 현서의 수원 화성 걷기

빙 둘러쳐진 산성 성곽의 길이에 걱정이 앞선다. 절반이나 돌아볼 수 있을까?

화성 걷기를 계획한 후 인터넷 검색으로 수원화성의
다양한 사진들을 보여주었다.

TV에서 사극을 본 현구는 흥미를 느끼는 것 같고,
오빠가 하는 것이면 무엇이든 좋아 보이는 현서는
신기해하는 오빠를 따라 "와!" 감탄사를 외친다.

오랜만에 타보는 지하철 1호선

아이들은 지하철 타기를 무척 좋아하지만, 아이들이 아주 어릴 때
지하철에서 통제가 안 되던 악몽과 지하철의 계단이 부담스러워서
대중교통은 주로 버스를 이용하고 있다. 하지만 수원역까지 가는 방
법은 역시 지하철을 타는 게 편리하다. 마음의 준비를 단단히 하고
영등포역까지 나와 지하철 1호선을 탔다.

그동안 아이들이 크기는 큰 모양이다. 걱정했던 것과는 달리 지하철
을 타고 가는 동안 제법 대화가 된다. 지하철 안에서의 질서 지키기
와 규칙에 대해 설명해주자 고개를 끄덕이며 오히려 다시 나에게 해
야 하는 것과 하면 안 되는 것의 이유까지 설명해준다.

예전과는 달리 아이들의 시선은 사물이 아닌 사람들에게 있다.

예전에는 강아지, 큰 건물, 강, 구름, 광고물 들에 관심을 보이며 질문을 했는데 이제는 지하철을 함께 타고 가는 사람들을 관찰하면서 나를 당황스럽게 만든다.

"저 사람은 왜 자는 거야?" "저 아저씨들은 왜 싸워?" "앞에 앉은 할머니는 왜 안 웃어?" "왜 자리를 안 비켜줘?" 낯선 사람들에 대한 궁금증을 순진하게 말하는 아이들의 목소리가 커질수록 내 마음은 조마조마하다. 아이들 귀에 대고 이러저러하게 설명을 해주다 보니 나와 아이들을 둘러싸고 있는 타인들에 대한 경계심이 생기는 것 같다. 아이들은 아무런 거리낌 없이 사람들을 바라보는데 나만 무슨 위험물이라도 대하듯이 가슴이 움츠러든다.

집 밖 세상으로 나올 때는 나도 마음의 준비를 해야겠구나.

아이들이 어떤 눈으로 세상을 보는지 관찰하고 아이들의 질문에 적절히 대답할 수 있도록, 나도 세상을 새로운 눈으로 바라보는 연습을 해야겠다.

수원화성을 걸으며

이제 막 한글을 읽기 시작한 아들은 안내 지도에 명시된 유적을 찾아가는 것이 재미 있나 보다. 무슨 탐정이라도 된 듯 펜으로 체크하며 우리가 지나온 곳과 앞으로 걸어 갈 곳을 내게 알려준다.

엄마가 데리고 가는 여행이 아니라 아이들 을 따라가는 여행이다. 앞으로는 아이들이 앞장서는 여행을 많이 하 게 될 것 같다.

걷기 여행을 시작하며 이런 생각들을 했다.

'아이들 물건은 내가 좀 들어주면 되겠지. 아이들이 힘들다고 하면 좀 업어주지, 뭐. 짜증을 내면 꾹 참고 달래줘야지.'

그러나 나는 아이들에 비해 크지 못했나 보다. 나는 아직도 서너 살 아이 엄마 수준의 걱정을 하고 있는 것이다. 단지 공부시키는 일에 만 너무나 많이 앞서갈 뿐이다.

벽돌 하나에서도 한자를 찾아내고, 언덕길, 내리막길, 구부러진 길 에서 아이들은 스스로 재미를 찾아냈다. 놀이공원도 아닌데 지루해 하지 않을까 하는 걱정은 어리석은 엄마의 기우였다.

부모가 아이들과 여행할 때 가장 먼저 준비해야 하는 것이 있다면, 먹을거리와 여벌의 옷이 아니라 여유와 기다림이다. 수원화성은 망루와 정자가 곳곳에 있어서 그곳에 올라 경치를 둘러보며 쉬어갈 수 있는 곳이 많았다. 아이들은 어른보다 보고 느끼는 것이 많아서인지 만나는 정자마다 올라가서는 쉽게 내려가려 하지 않는다. 걸음은 자꾸 멈춰지고 시간은 많이 걸린다. 빨리 가자고 재촉하고 책망하는 말들이 튀어나오려는 것을 참으면서 마음 수련을 하게 된다.

엄마보다 더 즐겁게 걷기 여행을 하는 아이들이 대견하다. 힘들어할 줄 알았는데, 출발했던 장안문으로 돌아오는 길에서는 에너자이저처럼 뛰어다닌다.

돌아오는 길

퇴근하는 아빠와 시내에서 만나기로 약속하고 지하철을 타고 돌아오는 동안 혹시라도 잠들까 걱정되어 수원화성에서 가장 재밌었던 것을 꼽아보라고 하자 곰곰이 생각하는 눈치다.

"엄마는 효원의 종을 진짜로 쳐본 게 제일 기억에 남는데."

"맞아. 댕 댕 댕! 그리고 투호놀이도 하고 뒤주에도 들어가 봤잖아."

행궁에 들러 전통 놀이도 하고 사도세자가 죽어가던 뒤주 안에도 들어간 얘기를 하는 현구의 웃는 얼굴을 보니 내 마음까지 뿌듯하다. 나도 아이들과 함께 여행을 새로 배우는 것 같다. 아이만 크는 게 아니라 엄마도 크는 여행이다.

수원화성 걷기 여행 지도

② 장안문

Start　Finish

W.C

장안문
매표소 ①

② 다시 장안문으로　　동장대
　　　　　　　　　　⑱

⑲ 화홍문과
　방화 수류정

⑰ 창룡문

W.C

③ 화서문과
　서북공심돈

서북각루
④

⑫ 화성행궁

서장대 ⑤

⑯ 봉돈

W.C

⑦ 효원의 종

W.C

서암문 ⑥

지동시장 ⑬

서장대매점과 ⑧
관광안내소

⑨ 서남암문

⑮ 동남각루

W.C

⑪ 팔달문을 향해
　내려가는 길

화양루 ⑩

⑭
팔달문

팔달문 관광안내소

- **교통편**
  찾아가는 길 : 1호선 수원역 하차.
  수원역 앞에서 보이는 육교를 건넌다. 오른쪽 계단으로 내려가 버스 정류장에서
  장안문행 버스 11, 13, 36, 38, 39번 이용.
  택시를 이용하면 3,000원 내외(2009년 5월 기준)
  돌아오는 길 : 장안문 건너편에서 올 때 이용했던 버스를 타거나 택시를 탄다.

- **입장료**
  어른 1,000원, 어린이 500원(취학 전, 만 6세 이하 무료)

- **식사와 화장실**
  수원성 안에 매점이 2군데 있고 팔달문을 지나 지동시장에서 식당을 이용해도 되
  지만 수원성 안의 정자에 올라 도시락을 먹는 방법을 추천한다. 특히 마실 물과
  음료를 넉넉하게 준비하는 게 좋다. 화장실은 봉돈과 창의문 부근에만 성 안쪽에
  있고 나머지 지역에서는 성 밖으로 잠시 나갔다 들어와야 하므로 당황하는 일이
  없도록 아이의 상태를 미리 체크하자.

수원화성은 정조가 아버지인 사도세자의 능을 양주에서 수원으로 옮기면서
축소한 성이다. 당시의 과학기술이 총체적으로 발휘된 성으로 건축적인 아
름다움이 빼어난 문화유적. 유네스코에서 지정한 세계 문화 유산으로 등록
되어 있다. 수원 화성 걷기는 한 바퀴를 돌아 출발했던 지점으로 돌아오는
코스. 어디에서 출발해도 성 한 바퀴를 온전히 둘러볼 수 있다. 우리는 성
의 북문인 장안문에서 출발한다.

Inform

1. 장안문 매표소
장안문을 통과해 다시 밖으로 나가면 매표소가 있다. 매표소 뒤편의 화장실을 이용하고 출발. 이후로는 화장실을 이용하려면 성 밖으로 나갔다 들어와야 한다.

5. 서장대
서장대에 오르면 수원성 안의 풍경이 한눈에 들어온다.

7. 효원의 종
정조의 효심을 생각하며 타종. 직접 타종을 해보는 것은 흔치 않은 경험이다.
타종 요금 1~2인 1,000원, 3~4인 2,000원
(1인당 3회 타종)

9. 서남암문
암문이지만 위에 누각을 얹은 형태다. 성곽은 왼편으로 이어지지만 암문을 통과해 화양루에 들렀다 가자.

11. 팔달문을 바라보며 내려가는 길

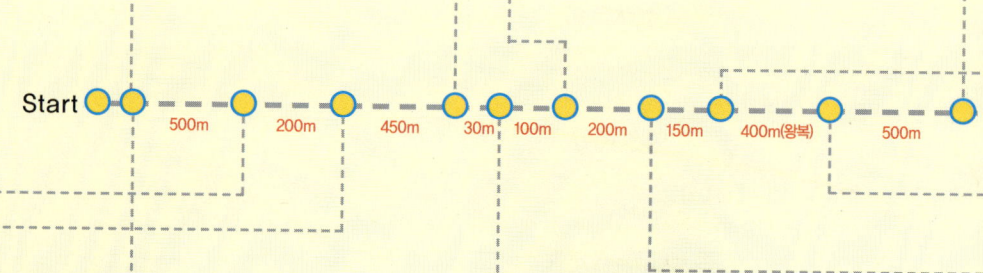

Start ○──○ **500m** ○ **200m** ○ **450m** ○○ **30m** **100m** ○ **200m** ○ **150m** ○ **400m(왕복)** ○ **500m** ○

2. 장안문
장안문을 둘러보고 성벽을 오른쪽에 두고 걷기 시작.

3. 화서문과 서북공심돈
화서문의 문루를 통과해 길이 이어진다.

4. 서포루
신발을 벗고 누각에 올라 쉬었다 갈 수 있다. 간식 먹고 가기 좋은 포인트.

6. 서암문
암문 하나에도 아름다운 곡선미가 깃들어 있다.

8. 서장대의 매점
걷는 코스 중 근접성이 가장 좋은 매점과 화장실이 있는 곳이다. 다른 곳은 성에서 조금씩 떨어진 곳에 위치해 있다.

10. 화양루
화양루로 가는 길은 소나무와 화강암의 성곽이 양편으로 이어지는, 짧지만 아름다운 길이다. 화양루를 둘러보고 다시 돌아 나온다.

13. 지동시장
행궁을 둘러보았다면 행궁 앞에서 횡단보도를 건넌다. 수원화성박물관을 향해 걷다가 수원천이 나오면 다리를 건너 오른쪽 지동시장으로 방향을 잡는다. 재래시장 구경하는 재미도 쏠쏠하다. 왼쪽으로 가면 화홍문으로 질러갈 수도 있다.

15. 동남각루
여기서 다시 성곽길이 시작된다.

16. 봉돈
위기 상황에서 불을 피워 올리던 곳. 근처에 화장실이 있다.

17. 창룡문
수원화성의 동쪽에 위치한 문. 야트막한 언덕을 따라 이어진 성곽의 아름다움이 잘 드러나는 곳이다.

19. 화홍문과 방화수류정(동북각루)
성의 북쪽에서 남쪽으로 흐르는 수원천은 여름마다 범람하는 일이 잦았다고. 물길을 잘 내기 위해 수문을 설치한 것. 아치형의 홍예문과 그 위에 올린 누각이 아름답게 조화를 이루고 있다. 화홍문 윗쪽의 방화수류정은 방위상으로는 동북각루에 해당한다.

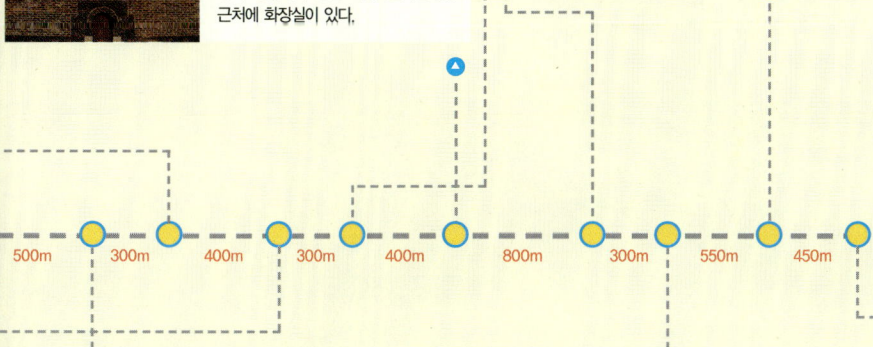

| 500m | 300m | 400m | 300m | 400m | 800m | 300m | 550m | 450m |

Finish

12. 화성행궁
정조가 아버지인 사도세자의 능을 참배하러 가기 위해 지은 행궁. 수원화성과 행궁의 축조 과정을 담은 〈화성성역의궤〉에 따라 576칸에 이르는 웅장한 규모로 복원되어 있다. 다양한 전통문화 체험 행사가 열리는 곳이기도 하다. 수원화성과 별도로 입장료를 내야 한다.
입장료 어른 1,500원, 어린이 700원

14. 팔달문
수원화성의 남문 격이다. 지동시장을 지나면 다시 성곽이 이어진다.

18. 동장대
연무대라고도 불린다. 옛날 병사들이 무예를 닦던 곳으로 일반인들이 활쏘기를 해볼 수 있는 국궁체험장도 운영하고 있다.
〈활쏘기 체험〉
운영 시간 하절기(3월~11월) 9:30~17:30 동절기(12월~2월) 9:30~16:30
체험 요금 1회(5발) 1,000원

매시 30분에 1시간 단위로 운영

20. 다시 장안문으로
출발했던 지점인 장안문. 해가 지면 성곽 주변으로 조명이 켜져 환상적인 모습으로 변모한다.

2장
아이와 함께 만드는 길_테마를 잡아라

여행은 길이 아니라 꿈에서 시작된다.

내가 원하는 곳에 머무는 꿈,
내가 꿈꾸던 길 위에 서 있는 상상.

아이와 함께 여행하는 것은
아이와 함께 꿈을 만들어가는 과정이다.

멀리 가지 않아도 좋다.
비 오는 날 장화 신고 걷기, 해 질 무렵의 동네 한 바퀴, 예전에 살던 동네 찾아가기.
아이와 함께할 수 있는 길을 찾아 이야기를 만들면 된다.

똑같은 길을 걸어도
어제의 길과 오늘의 길이 다른 것은
아이의 꿈은 제자리에 머물지 않기 때문이다.

1. 지속 가능한 사랑을 위해

서울성곽 한 바퀴

서울성곽이 들려주는 노래

이 노래는 피맺힌 가락인가? 허리가 잘리고 팔다리는 온데간데없으며 그 얼굴은 하룻밤 사이 화마(火魔)에 잃었다.

이 노래는 구슬픈 사연인가? 북악산과 인왕산의 정기를 따라 이어지던 도도함은 세월 속에 묻히고 뿌연 하늘을 머리 위에 얹은 채 삭막한 고층 빌딩 숲을 끌어안고 있다.

그럼에도 불구하고 서울성곽이 부르는 노래의 파도는 난장판으로 돌아가는 이 도시에 위엄을 깃들게 하고, 한 뼘 흔적으로 남아 고목과 함께 늙어가는 성벽은 제아무리 날고뛰는 인생이라도 구구절절한 역사의 부침 앞에서 티끌만한 먼지에 불과하다고 낮게 읊조린다.

사람이 사는 성-낙산성곽

서울성곽을 걷기 위해 첫발을 디딘 곳은 흥인지문. 숭례문이 소실된 까닭에 동대문인 흥인지문을 바라보는 마음이 각별하다. 보물 1호로, 국보 1호인 숭례문보다 그 지위가 낮기는 하지만 도읍지 서울의 동쪽을 지키던 큰 문이 아닌가.

동대문을 뒤로하고 낙산으로 향한다. 번잡한 시장 근처에 이리 호젓한 길이 다 있나 싶게 조용한 길이다. 성곽 안쪽으로 동네가 형성되어 있기는 하지만 모두 생업을 위해 외출 중인 한낮이라 새로 복원된 화강암 성벽만 마을을 지키고 있는 듯 고요하다. 해가 지면 사람들은 이 성곽을 따라 걸으며 하루를 정리하고 부지런히 걸음을 옮겨 따스한 불빛 속으로 찾아들겠지. 오른쪽으로 급경사를 이루는 언덕을 따라 시선을 내리면 거기도 옹기종기 집들이 모여 있다. 성곽의

암문으로는 사람도 왕래하고 퀵서비스 오토바이도 드나들고 있어 역사의 흔적이 아닌 오늘을 살아가는 일상의 배경이 되어준다.

서울성곽을 걸으며 역사 공부를 해야 하는 것 아닌가 하는 고민이 시원하

게 날아가 버린다. 성벽을 따라 주민들의 출퇴근길이 열려 있고 그 옆으로 담쟁이덩굴을 타고 오르는 집들이 늘어선 풍경은 역사 유적을 걷는다는 알량한 지식욕을 대번에 무너뜨려주며 마치 어릴 적 살던 동네를 다시 걷는 듯 편안하고 정겨운 기분을 선사한다.

낙산정에 올라앉으니 혜화동이 한눈에 들어오고 멀리 북악산과 인왕산이 그림처럼 둘러 있다. 낙산성곽 걷기를 끝내기도 전에 북악산 성곽을 걷고 싶은 마음에 미리부터 북악산 자락을 헤맨다.

육백년 도읍지를 두 발로 돌아드니―북악산성곽

북악산성곽 길은 울창한 소나무숲을 따라 오르락내리락하는 길이다. 도로 때문에 낙산성곽과 잠시 끊어져 있어 안타깝지만 50년 가까이 비밀로 감춰져 있던 길을 걷는다는 설렘으로 걸음이 바쁘다.

태조 이성계가 한양으로 도읍을 정한 후 북악산, 인왕산, 남산과 낙산을 잇는 도성을 쌓을 때 산이 있는 곳은 능선을 따라 화강암의 산성을 쌓았고 그 외 지역은 흙으로 토성을 쌓았다고 한다. 임진왜란과 병자호란을 거치면서도 튼튼하게 버티던 성곽은 일제 강점기에 이르러 도로가 만들어지고 전차 길을 내면서 자연스레 허물어지고 말았다. 그중 북악산과 인왕산 성곽은 1968년 북한의 간첩이 북악산을 타고 넘어오면서 군사지역으로 묶이게 되어 일반인은 출입할 수가 없던 곳이다.

고려 말의 충신 야은 길재가 왕조가 바뀐 고려의 옛 수도 개성을 돌아보며 산천은 의구하다고 했던가?

산천이 의구한지 어떤지 그 여부를 알 수 없는 나는 북악산 정상 백악마루에 서서 경복궁을 내려다보며 그 앞으로 늘어선 고층건물과 차량의 행렬을 지워낸다. 나라의 도읍을 정하기 위해 이곳에 섰을 한 인간의 진지한 고민을 흉내라도 내보겠다는 심산이다. 북악산 자락 아래로 남산을 사이에 두고 펼쳐진 드넓은 대지와 지금은 빌딩 숲에 가려 보이지 않으나 시원스레 가로질러 흐르는 한강을 굽어보는 시선이 어떠했을지 짐작하며 나도 두 눈에 힘을 줘본다.

서울의 현재 모습-남산성곽

서울의 상징 남산. 아니, 그 위에 우뚝 솟아 있는 서울타워를 향해 간다. 인왕산에서 사대문으로 이어지는 길을 건너뛰었지만 내 마음속에 방치해두었던 대한민국 수도 서울에 대한 애정은 이미 파릇한 싹을 틔웠다. 도심을 뚫고 찾아가는 길이 행복한 이유다.

남산성곽은 그 흔적이 미미하다. 남산 케이블카를 타고 올라가서 만나는 봉수대, 팔각정 옆의 이끼 낀 성곽 그리고 남산순환로를 따라 걷는 길에서 드문드문 만나게 되는 짧은 흔적이 전부다. 그리고 국립극장 건너편에서 장충단 공원 쪽으로 걸어야 제법 긴 성곽길을 만날 수 있다. 그러나 이 길을 걸으며 서울성곽 걷기를 마무리하는 이유는 남산에 오르면 오늘의 서울을 360도 파노라마 사진으로 볼 수 있기 때문이다.

케이블카를 타고 남산으로 오르며 보이는 도심의 풍경과 한강 너

머 늘어선 아파트들은, 밉지만 끌어안아 줄 수밖에 없는 오늘의 서울이다.

그뿐인가. "남산 위의 저 소나무……" 애국가의 2절을 절로 흥얼거리게 만드는 소나무숲과 넓은 산책로는 걸어가는 내내 감탄사를 연발하게 한다.

성벽은 허물어지고 그 옆으로 검은 아스팔트가 깔려 있지만 오늘도 남산은 서울의 중심을 지키며 굳건히 서 있지 않나.

자가 발전기를 돌려야만 지속 가능한 사랑을 위해

결혼하여 아이를 두 명이나 낳고 살아오는 동안 발전기가 멈추지 않기를 항상 바라게 된다.

물 흐르듯 자연스러운 것이 사랑이라는 착각, 이유를 찾을 수 없는 것이 사랑이라는 환상에서 벗어난 나는, 사랑은 발전기를 돌리듯 쉼 없이 노력하고 각성해야 영원할 수 있는 것이라고 믿는다. 시어머니 에게 바라야 할 희생정신을 내게 원하는 남편, 나에게 건네는 말투 보다 휴대전화 너머 친구에게 더 다정한 목소리를 띄우는 아이들을 바라보며 사랑은 노력하는 것이라고 스스로를 격려하는 것이다.

고층건물이 들어선 도심 속에서 살지만 타인에 대한 이해심은 점점 낮아지고 최신 유행을 걸쳤지만 진정한 자긍심은 잃어버린 사람들. 그러나 첨단의 도시를 벗어날 수 없는 나는 서울성곽을 걸으며 사가 발전기를 돌린다. 우리가 살면서 배워야 할 생의 진실은 옳고 그름, 선과 악을 벗어난 어디쯤에서 만나게 되는 법이니까. 알게 되면 사랑 할 수밖에 없고, 사랑하면 그것으로 충분하 지 않겠나.

너무 많이 변했다느니, 옛날이 더 살 만했다 느니, 아예 사람 살 곳이 못 된다느니 한탄 하지만, 그 비난과 걱정 모두 사랑하게 되면 토닥토닥 보듬어줄 수 있지 않겠나.

서울성곽 한 바퀴 걷기 여행 지도-코스 1

낙산으로 올라 궁궐로

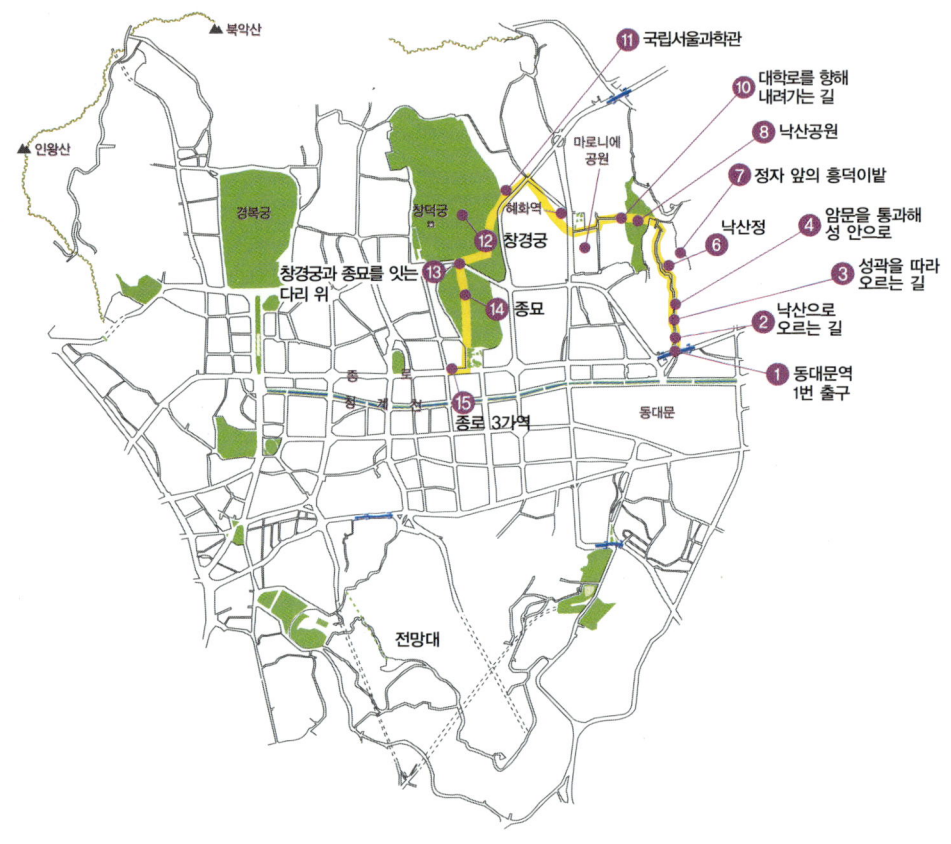

▲ 북악산

▲ 인왕산

경복궁

창덕궁

혜화역

11 국립서울과학관

10 대학로를 향해 내려가는 길

8 낙산공원

7 정자 앞의 흥덕이밭

마로니에 공원

12 창경궁

낙산정

4 암문을 통과해 성 안으로

6

3 성곽을 따라 오르는 길

창경궁과 종묘를 잇는 다리 위

13

14 종묘

낙산으로 오르는 길

2

1 동대문역 1번 출구

종 로

청 계 천

15 종로3가역

동대문

전망대

• **교통편**
 찾아가는 길 : 1, 4호선 동대문역 1번 출구
 돌아가는 길 : 1, 3호선 종로 3가역

• **식사와 화장실**
 성곽을 따라 조성된 공원에 화장실이 있고 성곽 안쪽 동네에 작은 슈퍼가 있다.

서울성곽의 동쪽을 돌아보는 코스다. 성곽을 가운데 두고 바깥쪽의 산책로
와 성곽 안쪽의 마을길이 있고 곳곳의 암문을 통해 드나들 수 있다. 서울
시내를 내려다보며 옹기종기 모여 앉은 동네 풍경을 감상하며 걸어도 좋고
바깥쪽의 산책로를 따라 걸어도 좋다. 두 길이 낙산 정상의 낙산공원에서
만난다.

9. 대학로를 향해 내려가는 길
나무 계단을 따라 내려가면 대학로와 만난다. 대로변에서 성균관대학교 쪽으로 길을 건넌다.

13. 창경궁과 종묘를 잇는 다리 위
종묘와 창경궁은 원래 이어져 있었으나 일제 강점기에 율곡로를 만들면서 두 동강이 나고 다리로 연결되었다.

11. 국립서울과학관
규모는 작지만 자연사 전시관과 우주 체험 전시관 등이 상설 운영되고 있다. 창경궁 입장권과 같이 구입해 입장할 수도 있다.
개관 시간 9:30~17:30
휴무 매주 월요일(월요일이 공휴일인 경우는 화요일)
입장료 대인 1,000원, 소인 500원
(창경궁 공동관람료 대인 1,500원, 소인 700원)

15. 종로 3가역
종묘에서 나와 오른쪽으로 가면 지하철 종로 3가역이 나온다.

Finish

1km　　　　640m　　　330m　　　550m

14. 종묘
종묘는 일반 궁궐이 아니라 조상의 신위를 모신 사당이다. 우리는 답사를 목적으로 하는 것이 아니므로 울창한 숲을 산책하는 기분으로 가볍게 걸어도 좋겠다.

10. 성균관대학교 쪽으로 가는 길
과거에는 작은 시장이 있던 곳. 도로가 확장되어 지름길이 생겼다.

12. 창경궁
입장 시간
하절기(3월~10월) 9:00~18:00
동절기(11월~2월) 9:00~17:30
휴관일 매주 화요일(화요일이 공휴일인 경우 수요일)
관람료 대인 1,000원, 소인 500원(종묘 입장료 포함)

5. 낙산공원을 향해서
어깨를 맞대고 있던 지붕들이 시야에서 사라지고 하늘과 좀 더 가까워진다.

1. 동대문역 1번 출구
동대문역 1번 출구에서 나와 이대부속병원 쪽으로 걸으면 오른편에 오르막 길이 보인다. 낙산으로 가는 길이다.

7. 정자 앞의 흥덕이밭
청나라에 볼모로 잡혀간 효종에게 김치를 만들어 바치던 흥덕이라는 이름의 시녀가 배추를 재배하던 곳.

3. 성곽을 따라 오르는 길
예전의 흔적 위에 잘 복원된 성곽.

600m 280m 300m 350m 300m 160m 110m 20m **Start**

6. 낙산정
멀리 인왕산과 북악산, 대학로가 한눈에 들어오는 정자에 앉아 쉬었다 가자.

2. 낙산으로 오르는 길
왼쪽의 성곽을 따라 잘 꾸며진 산책로를 따라 걷는다.

8. 낙산공원
뚜벅뚜벅 걷다 보니 바로 하늘 아래까지 온 것 같다. 인근 주민들을 위한 운동기구도 있으니 허리 근육 한번 풀어주고 가는 것도 좋겠다.

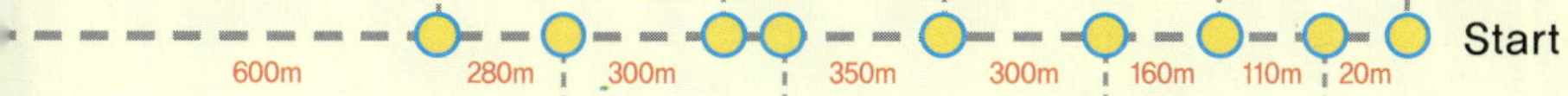

4. 암문을 통과해 성안으로
성곽 바깥쪽으로도 길이 있지만 안으로 들어가 성안 동네를 걸어보자.

8 말바위 쉼터

백악마루
쉼터   '악'이 절로   백악마루
15   나오는 계단   13   7 전망대   말바위 쉼터   서울성곽 길의
         14   이정표   유일한 매점
                      9 숙정문   6   5

돌고래쉼터 16   4 성 안과 밖을 잇는 암문
                           북악산   3 와룡공원의 시작   2 서울과학고등학교 후문
창의문 17
                      12   11   10 촛대바위   1 한성대입구역 5번 출구
청와대로 18   청운대
가는 길   정상을
                          향해   혜화문
▲ 인왕산

        청와대 19
        영빈관 앞
        광장   경복궁   창덕궁

경복궁역 20

                            종
                            로
                        청 계 천   동대문

숭례문

                            전망대

- **교통편**
  찾아가는 길 : 4호선 한성대입구역 5번 출구
  돌아가는 길 : 3호선 경복궁역

- **식사와 화장실**
  말바위 탐방 안내소와 창의문 탐방 안내소에 화장실이 있고 중간에 간이 화장실도 있다.
  서울성곽 안에는 매점이 없으니 음료와 간식거리를 준비해서 가도록 한다.

2007년 일반인에게 개방되기 전까지 40여년의 세월동안 비밀스럽게 존재
했던 길이다. '500년 도읍지를 필마로 돌아드니……' 숨어있던 방랑시인의
감성이 살아날듯 한 길이다. 북악산 줄기를 따라 오르락내리락 걷는 호흡마
다 감탄이 섞여든다. 날개를 펼치고 서울의 북쪽 하늘을 비행해보자. 탐방객
의 신분 확인을 위해 신분증을 꼭 지참해야 한다.

입장 시간
하절기(4월~10월) 09:00~15:00
동절기(11월~3월) 10:00~15:00
입장료 없음
휴무 매주 월요일(월요일이 공휴일인 경우는 화요일)

11. 정상을 향해
성곽을 따라 오르막이 이어진다.

17. 창의문
숙정문이 북대문이라면 창의문은 북소문이다. 인근에 자하계곡이 흐르고 있어 자하문이라는 별칭도 갖고 있다.

13. 백악마루
백악산이라고 불리기도 했던 북악산 정상. 342m.

19. 청와대 영빈관 앞 광장
청와대 영빈관 앞 광장에서 경복궁 돌담길을 따라 걷는다.

15. 백악마루 쉼터
긴장했던 두 다리를 쉬기에 그만인 백악마루 쉼터. 내 집 거실에 앉아있는 행복한 상상의 공간.

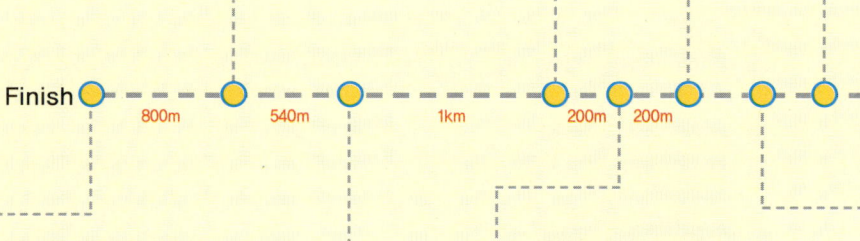

Finish   800m   540m   1km   200m   200m

18. 청와대로 가는 길
창의문을 보고 나와 왼쪽의 대로변으로 나와 왼쪽 길로 내려간다. 아이가 힘들어 할 경우 길 건너편에서 택시를 탄다.

12. 청운대
경복궁과 남산 사이의 시내 풍광이 한눈에 들어온다. 답답하게 느껴졌던 고층 빌딩 숲도 내려다보니 아기자기한 레고 블록 같다.

20. 경복궁 돌담을 따라
경복궁 돌담을 따라 걷다가 돌담이 끝나는 곳에서 횡단보도를 건너면 경복궁역 4번출구다.

14. '악' 이 절로 나오는 계단
깎아지른 급경사의 계단. 오른쪽으로는 낭떠러지다. 다리가 후들거리지만 올라가는 것 보다는 수월하다. 그래도 정신을 바짝 차리고 내려가자.

16. 돌고래쉼터
고래의 형상을 닮은 바위가 있어 돌고래라는 이름이 붙은 곳.

7. 전망대
성북동 비둘기는 볼 수 없지만 서울의 동쪽이 한눈에 들어오는 풍광과 북악산 줄기를 따라 이어진 성곽의 아름다운 선을 감상 할 수 있는 곳이다.

9. 숙정문
한양의 북대문이다. 음양오행에 따라 가뭄이 들면 문을 열어놓고 장마가 심하면 문을 닫아놓았다고 하는데 현재는 한쪽만 열어놓고 있다.

1. 한성대입구역 5번 출구
출구에서 나와 혜화문 쪽으로 길을 잡는다.

3. 와룡공원의 시작
운동기구와 벤취들이 이어지는 기다란 공원이다. 화장실은 이곳에서 해결하고 가자.

5. 서울성곽 길의 유일한 매점
성균관대학교 후문으로 내려가는 삼거리에 위치한 이동식 매점. 컵라면과 음료를 판다.

430m · 300m · 320m · 400m · 300m · 850m · 800m · **Start**

8. 말바위 쉼터
이곳에서 신분 확인 후 탐방객용 출입증을 목에 걸고 출발한다. 화장실과 식수대가 있다. 말바위쉼터에서 창의문까지 가는 동안 지정된 포인트 외에는 사진촬영이 금지 된다. 군사지역으로 곳곳에 군인들이 보초를 서고 있으니 주의하되 너무 위축되지는 말자.

10. 촛대바위
나무데크에서는 촛대바위의 형상을 제대로 파악 할 수 없다. 그러나 청와대 쪽에서 보면 산자락에 촛대처럼 길게 서 있는 바위를 확인할 수 있다고.

2. 서울과학고등학교 후문
서울과학고등학교 후문에서 오른쪽 길로 가면 서울성곽이 시작된다.

4. 성 안과 밖을 잇는 암문
성곽 걷기의 즐거움 중 하나는 암문을 발견하는 것. 암문을 통과해 성 밖의 또다른 풍경을 만나보자.

6. 말바위 쉼터 이정표
말바위 쉼터로 가는 길은 성곽 바깥쪽으로 나가서 오르게 된다. 이정표가 잘 안내해 준다.

▲ 북악산

▲ 인왕산

경복궁

창덕궁

마로니에 공원

동대문

숭례문

동대문

종묘

장계천

Start

동대입구역

명동역 4번 출구 1

남산 '오르미' 2

케이블카를 타고 3
남산 봉수대까지

남산 봉수대 4

N서울타워 5

N서울타워 6
테라스

남산순환로의 7
시작

전망대 8

소나무림 9
탐방로

초록의 숲 10

국립극장 11

횡단보도 12
건너

장충단공원

장충체육관 16

장충단공원의 수표교 17

한국자유총연맹 13

성곽을 따라 15

정자 전망대 14

- **교통편**
  찾아가는 길 : 4호선 명동역 4번 출구
  돌아가는 길 : 3호선 동대입구역

- **식사와 화장실**
  서울 시내를 통과하는 구간이라 식당이나 매점, 화장실은 쉽게 찾을 수 있다.

서울 성곽을 빙 둘러보는 순례의 마지막 코스. 울창한 소나무 숲 속에 옛 모습 그대로 화강암의 성벽이 숨어 있는 곳이다. 낙산과 북악산 성곽에서는 남산에 가려 보이지 않던 한강 건너편의 모습을 한눈에 담을 수 있다.

1. 명동역
4번 출구로 나와 200m 진행 후, 네거리에서 왼쪽 남산 3호 터널 방향으로 올라간다.

3. 케이블카를 타고 남산 봉수대까지
케이블카를 타지 않고 걷고 싶다면 서울시과학교육원으로 가는 계단으로 올라갈 수도 있다. 분수대를 지나 N서울타워까지 역시 계단으로 올라야 하는 고난의 길이다. 연인처럼 가위바위보를 하면서 오르는 재미난 길이 될 수도 있다. 선택은 당신의 몫.

5. N서울타워
전망대와 테디베어뮤지엄, 레스토랑 등이 있지만 가격이 만만찮다. 타워 입구의 광장에도 보고 즐길 거리는 많다.
전망대
입장료 어른 7,000원, 청소년 5,000원, 어린이 3,000원, 유아(만 48개월 미만) 무료
테디베어뮤지엄
입장료 어른 8,000원, 청소년 6,000원, 어린이 5,000원, 유아(만 48개월 미만) 5,000원

7. 남산순환로의 시작
주차장으로 내려가는 샛길은 무시하고 왼쪽의 대로를 따라 걷는다.

Start —— 750m —— 100m —— 150m 80m 300m 400m

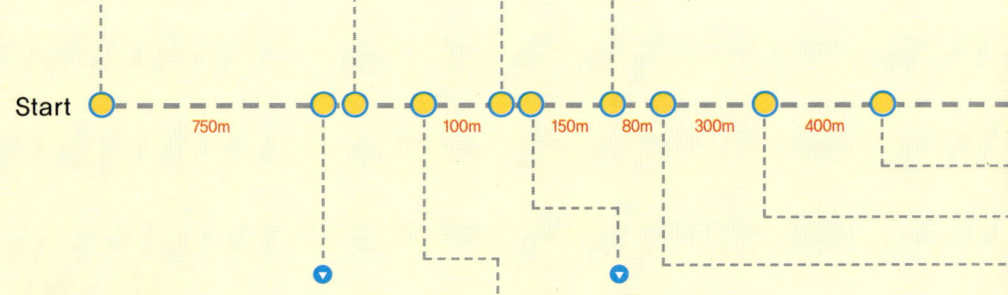

2. 남산 '오르미'
경사형 승강기를 타면 남산 케이블카 승강장으로 이동한다. 매일 오전 9시부터 자정까지 무료로 운행한다.

4. 남산 봉수대
국가의 위기 발생 상황에서 불을 피워 올렸던 전통적인 방식의 통신 시설이다. 월요일을 제외한 매일 오전 11시 30분에 봉수의식이 재현되고 오후 3시부터 30분 동안 전통 무술 공연이 펼쳐진다.

6. N서울타워 테라스
사랑을 맹세하는 자물쇠들. 남산의 새로운 명물이 되었다. 묶인 자물쇠보다 숲 속으로 사라져버린 열쇠의 행방이 궁금하다.

8. 전망대
남산을 마주 보고 선 관악산. 그 사이를 흐르는 한강 그리고 수많은 건물들이 한 눈에 들어오는 전망 포인트.

9. 소나무림 탐방로
애국가 2절, "남산 위의 저 소나무……" 가사가 절로 나오는 소나무 숲. 그 안에 깜짝 선물로 나무 침대가 놓여 있다.

11. 국립극장으로
오른쪽 국립극장으로 내려간다.

13. 한국자유총연맹을 가로질러
한국자유총연맹을 가로질러 가면 바로 앞에 언덕을 오르는 오솔길이 보인다.

15. 성곽을 따라
야생화 단지가 조성된 성곽을 왼편에 두고 내려간다. 외길이라 길을 잃을 염려는 하지 않아도 된다.

17. 장충단공원의 수표교
조선 세종 때 청계천을 흐르는 물의 수위를 측정하는 수표가 있었던 다리. 1959년 청계천 복개공사 때 이곳 장충단공원으로 옮겨졌다. 우리는 이미 청계천을 걸었으니 아이와 함께 청계천을 걸었던 추억을 되살려 보자.

| 600m | 500m | 300m | 200m | 1.3km | 1km | | | Finish |

10. 초록의 숲
가끔씩 순환버스가 올라오기는 하지만 그 외에는 차량 통행이 없는 길이다. 아이를 자유롭게 걷게 해도 좋겠다.

12. 횡단보도 건너
바로 앞의 횡단보도를 건너 작은 샛길로 들어선다. 오른쪽의 타워호텔이 공사 중이라 주차장을 통과해야 한다.

14. 정자 전망대
갈림길에서 오른쪽으로 걸으면 성곽을 왼편에 두고 걷는 길이 나온다. 전망대에 올라 남산의 남쪽을 조망한 후 다시 성곽길 걷기를 시작한다.

16. 장충체육관 쪽으로
성곽길이 끝나면 왼편의 장충체육관 쪽으로 간다.

18. 동대입구역
맞은편에 보이는 길로 쭉 내려가면 서울성곽 걷기의 출발점이었던 동대문이 나온다. 차량이 많이 오가는 구간이라 걷는 비추천. 오늘의 걷기는 여기서 마무리한다.

2. 걷는 것만으로도 좋아

한강 700리

강의 역사

중앙선 덕소역. 새로 들어선 고층 아파트 숲 가운데 있다. 서울을 벗어나 북한강을 향해 가는 길 어디쯤에서 보았던 곳을 전철 승차권 한 장으로 휘리릭 도착하려니 어리둥절하다. 분명 한강이 지척에서 흐르고 있을 텐데 아파트에 가려져 물줄기는 보이지 않는다.

강변으로 가는 길은 아파트 단지 사이로 나 있다. 아파트 이면 도로를 건너 강가로 내려서니 덜컥 겁이 난다. 한강다리를 건너거나 올림픽대로를 달리며 보던 강이 아니다.

강물 소리가 들린다. 강 밑바닥에서부터 온몸을 끌고 바다로 나아가는 소리. 곁눈질하지 않고 자신의 길을 의심하지 않고 턱을 꼿꼿이 세워 도도하게 전진하는 강. 한강은 흐르는 게 아니라 전진하고 있다.

오른쪽 물길에 둔 시선을 거두고 왼편을 바라보면 아파트 단지를 따라 강물이 다가오고 멀리 팔당대교가 보인다. 팔당대교를 넘어서는 팔당호 그 너머로는 두물머리. 북한강과 남한강이 만나는 지점이다. 〈춘천 가는 기차〉라는 노래가 있다. 그 노랫말을 따라 북한강을 거슬러 오르면 청평호와 의암호가 나오는데, 청평호는 홍천강 물이 북한강과 합수된 것이고 의암호의 물은 소양호와 파로호의 물을 담은 것이다. 거기서 다시 거슬러 오르면 소양호는 래프팅으로 이름난 인제의 내린천이, 파로호는 저 북녘 땅의 금강산에서 흘러내린 물줄기를 담고 있다.

한강의 본류로 일컬어지는 남한강은 또 어떤가. 강원도 태백의 계곡 암반 속에서 솟아오른 물이 신비로운 자태의 검룡소를 이루고 그 물이 정선과 영월을 거치며 동강이라는 이름을 얻고, 평창강과 몸을 합쳐 단양, 제천을 지나며 충주호를 이루었다가, 여주를 거쳐 마침내 두물머리에 닿은 후 북한강과 만나 한강으로 흐른다. 그 사이 올동박 떨어지는 날 임을 그리워하는 처녀의 아우라지가 있고, 김소월이 엄마랑 누나랑 함께 살고 싶어 했던 은빛 강변이 있다. 이름을 가진 계곡, 이름을 얻지 못한 작은 시내가 모여 수많은 지천을 만들고, 그들이 모이고 모여 만들어진 것이 한강이다.

강을 따라 걸으며

목덜미를 훑고 지나간 바람이 강가의 갈대를 흔들더니 수면 위를 날렵하게 미끄러져 간다.

계단을 내려와 오른쪽으로 걷기를 시작한다. 좌고우면하지 않고 그대로 강을 따라 걸으면 사흘쯤 지나 바다에 닿을까? 뗏목을 타고 강의 속도를 따라가면 해질 무렵 도착할 수 있을까? 차를 타고 간다면 넉넉잡아 두 시간.

나는 무릎과 발바닥이 허락하는 속도에 몸을 맡기기로 한다. 걷기의 즐거움은 이런 것이다. 두 팔은 자연스럽게 박자에 맞춰 흔들흔들 춤을 춘다. 몸이 할 일을 몸에게 맡기니 머릿속에 8만 5천 평의 공간이 생긴다. 한마디로 텅 빈. 득도가 별것이겠나? 걷는 일에 집중할수록 마음은 투명해져서 그 안에 자빠져 있는, 혹은 팔딱거리는 내가 보인다.

살면서 이렇게 나 자신에게 집중했던 적이 있나? 내가 들이마신 공기가 폐부로 들어가 혈관을 따라 흐르는 느낌. 내가 꿈꾸고 원하는 세상 살기에 힘을 키우도록 생각의 끈이 바투 쥐어지는 느낌. 바로 이 공간의 중심에, 이 시간의 꼭짓점에 서 있다는 충만함. 그리고 나를 이곳에 있게 한 나에게 보내는 감사.

잠시 걸음을 멈추지만 강물은 기다려주지 않고 저만치 앞서 가버린다. 바람이 가볍게 등을 밀어주어 다리보다 양팔이 먼저 움직인다. 그렇게 춤추듯이 느리게, 경보하듯이 씩씩하게 걷다가 문득 돌아보니 처음 출발 지점이었던 덕소가 아득히 뒤로 물러나 있다. 건조하게 느껴졌던 아파트 단지가 강물과 어우러져 단정한 그림 한 폭을 만들어낸다.

아, 두고 온 것들은 늘 아득하고 안타깝고 그래서 아름답다.

내가 지나온 시절을 돌아보면, 부끄럽게도 자아에 대해 고민해야 할 사춘기를 낭비하고, 연애할 때는 달콤한 환상에만 빠졌으며, 직장은 습관과도 같은 현실이었다. 결혼은 당연한 수순으로 생각했으며 얼렁뚱땅 엄마가 되어버렸다. 그럼에도 불구하고 그 시절을 아름답게 돌이켜보는 이유는 단 하나. 지금의 내 모습이 바로 그 순간들을 재료로 해서 빚어진 것이기 때문이다.

짐작건대 앞으로 '인생의 획'을 그으
며 내 모습에 새로운 재료가 덧붙여지
는 역사적인 사건 따위는 일어나지 않
을 것이다. 아니, 일어나지 않기를, 무
사태평하기를 바라야 하는지도 모르
겠다. 대신 질풍노도의 사춘기를 겪고
뜨거운 청춘의 시기를 보내는 내 아이
들을 지켜보게 되겠지. 꿈을 꾸고, 세
상 밖으로 걸음을 내딛고, 거대한 우
주를 만들어가는 모습을. 순간순간 아
이들을 바라보며 가슴 뜨거워지는 것
은 그 때문이다.

나는 그들의 인생이 잔잔한 호수의 잔
물결 같기만을 바라지는 않는다. 부드러운 언덕 같기만을 바라지도
않는다. 삶의 어느 순간에는 넘실대는 파도를 맞고, 목구멍까지 숨
이 차오르는 깔딱 고개도 넘게 될 것이다. 길을 찾아 방황할 것이다.
나는 그들의 성공을 바라기보다 실패했을 때 격려할 수 있는 지혜를
가진 엄마가 되기를 소망한다. 다만 그들이 원하는 순간에 열정의

농도를 더해 온몸으로 뛰어들기만을 바랄 뿐이다. 그렇게 힘차게 흘러가길 바랄 뿐이다. 계곡에서 실개천으로, 강에서 바다로.

평범한 일상에 농도를 더하자

한강이 바다로 나아가기까지 스물여덟 개의 다리를 만난다. 강을 따라가는 강변북로와 올림픽대로까지 더하면 모두 서른 개.

한강 걷기 첫날. 한강의 북쪽과 남쪽을 잇는 다리를 만난 것은 딱 한 번, 강동대교. 둘째 날은 강동대교를 포함해 광진교와 천호대교까지 세 번. 마지막 날은 천호대교 북측에서 시작해 올림픽대교, 잠실철교, 잠실대교, 청담대교, 영동대교, 성수대교를 지난다.

그늘 없는 강변을 걷다가 만나는 오아시스가 있다. 바로 다리다. 수많은 차량이 오가는 다리 아래로 그늘이 있어 땀을 식히고 쉬어갈 수 있는 곳. 강물도 교각 아래서 숨을 고르는 듯하다.

서울 시내를 오가며 무심히 지나던 다리들. 삭막한 콘크리트 구조물이라 생각했던 그 다리 아래서 나와 아이들은 새로운 추억 하나를 만든다. 언젠가 이 다리 위를 차를 타고 지나며 뻣뻣해진 종아리를 주무르며 물 한 모금 달게 들이켜는 오늘을 얘기하게 되겠지.

옆 동과 우리 동 사이의 손바닥만한 화단, 아이들의 하굣길을 붙잡는 작은 놀이터, 마트 가는 길의 꼬마 분수대. 걸음을 멈추게 만드는 생활 반경 2km 내의 공간들을 떠올려본다.

몇 년 사이에 키가 훌쩍 자란 아파트 단지 안의 은행나무들과 담양의 메타쉐쿼이아는 무엇이 다른가. 철 따라 피는 개나리, 망초, 벌개미취를 바라볼 수 있는 버스 정류장의 벤치는 가평의 아침고요수목원과 무엇이 다른가.

한때는 관광버스에서 박수 치고 노래 부르며 복도춤을 추는 할머니들을 보면서 '나는 늙어도 저렇게 되지는 말아야지' 생각했더랬다. 하지만 이제는 아니다. 두 다리에 힘이 남아 있는 한, 몸을 움직여 즐길 작정이다. 조금, 아주 조금 '오바' 하기. 일상이 주는 즐거움에 조금 더 감동하기.

보이는 풍경은 강물과 건너편 아파트 단지뿐인 무미건조한 길을, 마치 센 강을 걷듯 감탄하며 걷는 이유는 그 때문이다. '오바' 라고 해도 좋다. 나는 이렇게 걸으며 오늘의 '농도' 를 더하고 있는 중이다.

한강 걷기 여행 지도-코스 1
덕소에서 왕숙천까지

한반도의 중심을 동에서 서로 흐르는 한강. 아이와 함께 걷는 30km가 넘는 구간은 어떤 여행보다 특별하게 기억될 것이다. 총 3회로 나누어 걷는다. 인터넷으로 함께 지도를 보며 구간을 '미리 보기' 하는 것도 좋겠다. 아이와 어깨를 마주하고 파란 강물을 따라 상상 속의 걷기를 해보자. 나들이 길에서, TV에서 자주 만나는 한강. 강물을 따라 시원하게 뻗은 길을 가듯 아이 역시 즐겁고 신나게 그의 인생을 걸어가기를.

11 왕숙교

12 구리역

9 왕숙천을 거슬러 올라

홍릉천

3 오른쪽으로 걷기 시작

1 덕소역

2 강변으로 가는 길

10

6 수석마을

7 산길로 가도 좋고 산책로로 가도 좋다

강동대교

8 미음나루 음식문화의 거리

팔당대교

천호대교

- **교통편**
  찾아가는 길 : 용산역에서 중앙선 국수행 승차. 덕소역 하차.
  돌아가는 길 : 중앙선 구리역에서 전철 이용.

- **식사와 화장실**
  도시락과 음료 필수. 간이 화장실은 있으나 매점은 없다. 미음나루에 식당이 있다.

덕소에서 왕숙천에 이르는 강변은 한강이 가진 역동적인 모습을 마음껏 즐기며 걸을 수 있는 코스다. 반원을 그리며 이어지는 산책로가 한눈에 들어오고 귀를 먹먹하게 만드는 차량은 눈에 띄지 않는다. 아이와 앞서거니 뒤서거니 하며 대화를 나누고 맘껏 소리를 질러도 좋은, 매력 만점 코스.

7. 산길로 가도 좋고 산책로로 가도 좋다

수석마을을 지나 미음나루로 가는 길은 2가지. 왼편의 산길을 따라 올라 미음나루터를 지나 토평마을로 가는 방법과 자전거 도로 겸 산책로를 따라 토평마을로 가는 방법이 있다.

11. 왕숙교

왕숙교를 만나면 다리 아래를 지나 왼편의 횡단보도를 건넌다. 500여 m를 더 가면 구리역이다.

9. 왕숙천을 거슬러 올라

왕숙천을 거슬러 오르는 한적한 길. 넓은 한강에서 지류인 왕숙천으로 들어서면 마음까지 푸근해진다.

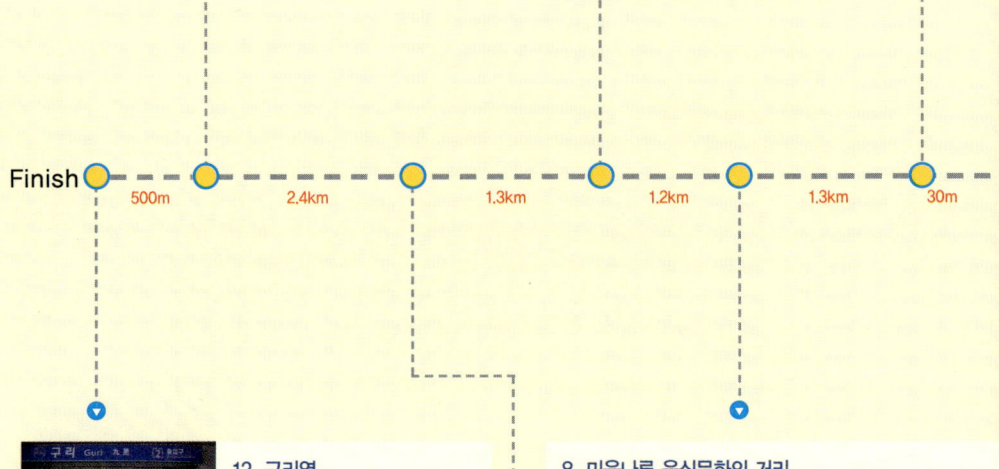

Finish

500m · 2.4km · 1.3km · 1.2km · 1.3km · 30m

12. 구리역

오늘 걷기 코스의 마무리.

8. 미음나루 음식문화의 거리

40여 개의 음식점들이 모여 있는 곳이다. 우리는 그냥 통과. 비상시—아이의 컨디션이 좋지 않다거나—이곳 주차장에서 구리시로 가는 마을버스를 이용할 수 있다. 1시간에 한 번 꼴로 운행한다.

10. 화장실 이용

1km 진행 후 왕숙교를 건넌다. 이곳에서 화장실도 이용하고 파라솔에서 휴식도 하고 가자.

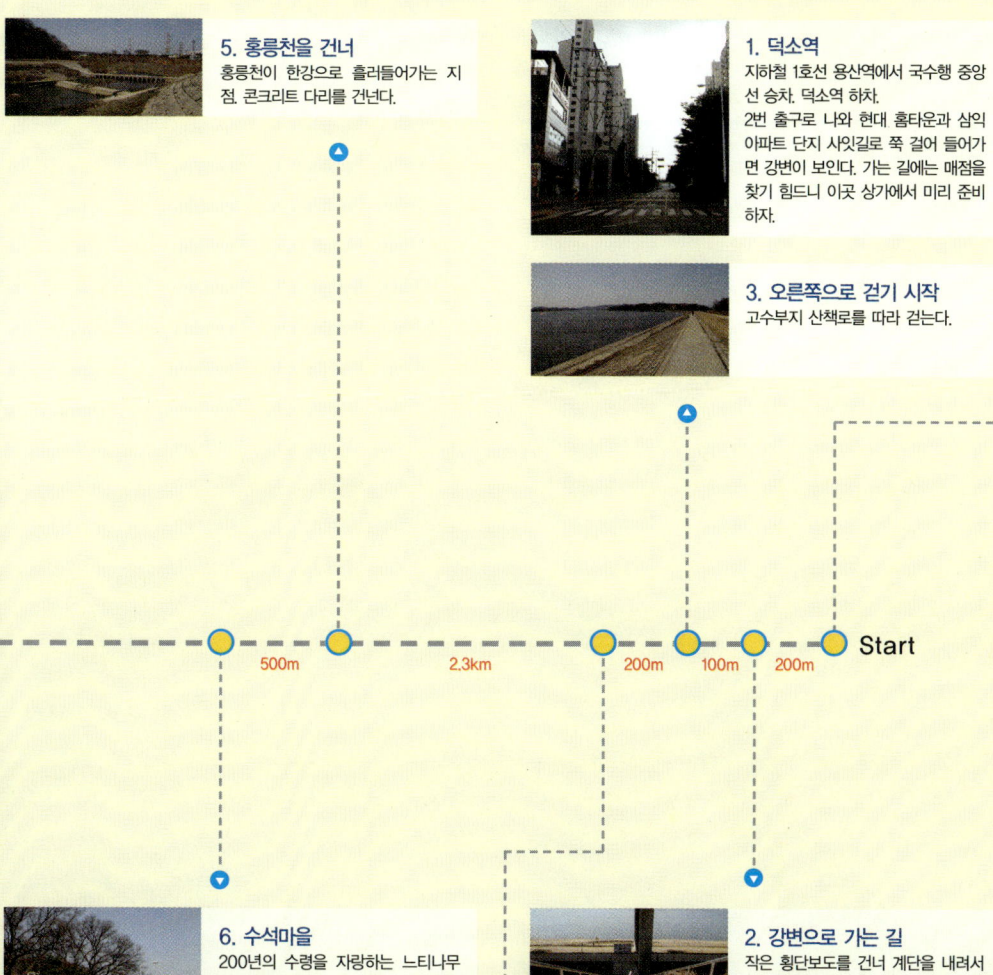

5. 홍릉천을 건너
홍릉천이 한강으로 흘러들어가는 지점. 콘크리트 다리를 건넌다.

1. 덕소역
지하철 1호선 용산역에서 국수행 중앙선 승차. 덕소역 하차.
2번 출구로 나와 현대 홈타운과 삼익 아파트 단지 사잇길로 쭉 걸어 들어가면 강변이 보인다. 가는 길에는 매점을 찾기 힘드니 이곳 상가에서 미리 준비하자.

3. 오른쪽으로 걷기 시작
고수부지 산책로를 따라 걷는다.

500m   2.3km   200m 100m 200m   Start

6. 수석마을
200년의 수령을 자랑하는 느티나무와 원두막이 있어서 쉬었다 가기에 그만이다.

2. 강변으로 가는 길
작은 횡단보도를 건너 계단을 내려서면 강변이다.

4. 이동식 화장실
왕숙천까지 화장실이 없으니 이용하고 가자.

한강 걷기 여행 지도-코스 2
왕숙천에서 광나루까지

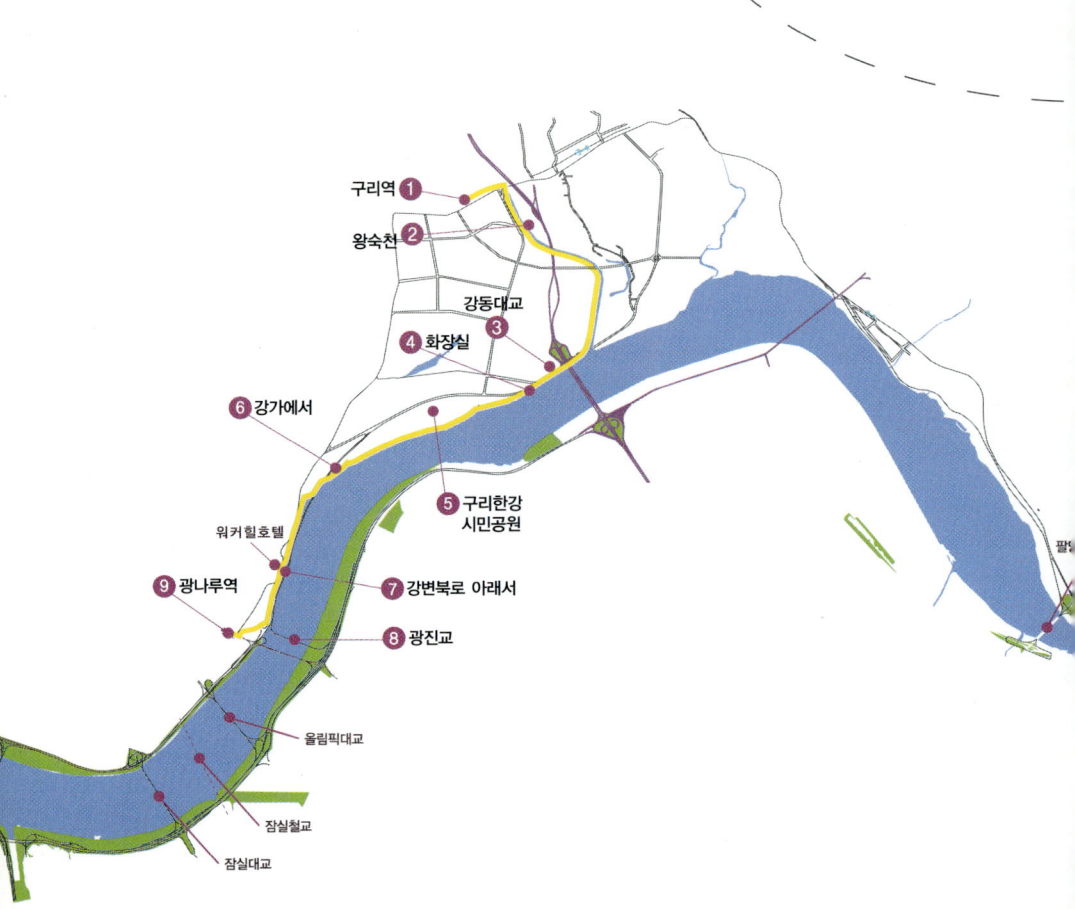

구리역 **1**
왕숙천 **2**
강동대교
3
4 화장실
6 강가에서
5 구리한강 시민공원
워커힐호텔
7 강변북로 아래서
9 광나루역
8 광진교
올림픽대교
잠실철교
잠실대교
팔[

- **교통편**
  찾아가는 길 : 1호선 용산역에서 중앙선 국수행 승차. 구리역 하차. 2번 출구로 나온다.
  돌아가는 길 : 5호선 광나루역.

- **식사와 화장실**
  도시락과 음료 필수. 코스 1과 마찬가지로 간이 화장실은 있으나 매점은 없다. 물을 충분히 준비하자.

코스 1의 마무리 지점에서 시작한다. 이미 걸었던 왕숙천을 거꾸로 내려가는 길이다. 아이와 함께 지난번의 걷기 여행을 추억하며 걸어보자. 아이는 걸어왔던 길을 기억하고 있을까?
왕숙천이 한강과 만나는 지점에서 보이는 강동대교. 오늘의 코스는 다음 다리인 광진교와 천호대교 사이에서 끝난다. 지척에 보이기는 해도 만만찮은 거리. 아이를 격려하며, 아이에게서 힘을 얻으며 씩씩하게 걸어보자.

9. 광나루역
오늘의 코스 끝.

7. 강변북로 아래서
원래는 끊어져 있었으나 최근에 공사를 마무리하여 산책로로 연결되었다. 어마어마한 콘크리트 구조물 아래를 통과하는 구간이지만 내리쬐던 땡볕을 피할 수 있어 고맙기도 하다. 시원한 바람을 맞으며 쉬었다 가자.

Finish

600m   1.2km   1.5km   2.15km

6. 강가에서
산책로 밑으로는 야생의 모습 그대로 또 다른 산책로가 있다. 드문드문 끊어져 있기도 하고 벌레들도 많지만 한적함을 맛볼 수 있는 길이다.

8. 광진교
광진교를 만나면 오른쪽 현대아파트쪽으로 길을 잡는다. 도로로 올라선 후 왼편의 언덕길을 따라가면 지하철역으로 가는 길이 나온다.

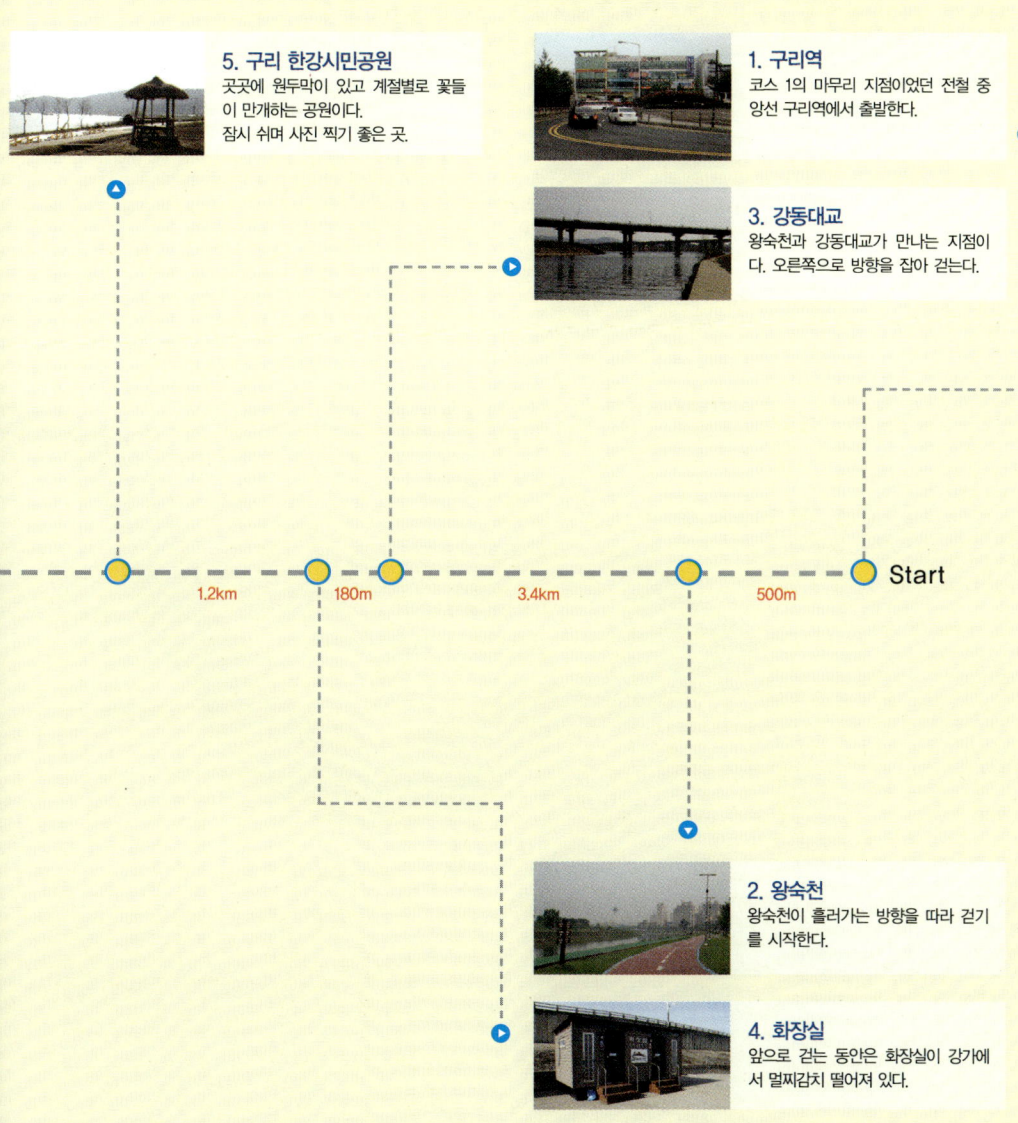

5. 구리 한강시민공원
곳곳에 원두막이 있고 계절별로 꽃들
이 만개하는 공원이다.
잠시 쉬며 사진 찍기 좋은 곳.

1. 구리역
코스 1의 마무리 지점이었던 전철 중
앙선 구리역에서 출발한다.

3. 강동대교
왕숙천과 강동대교가 만나는 지점이
다. 오른쪽으로 방향을 잡아 걷는다.

1.2km   180m   3.4km   500m   **Start**

2. 왕숙천
왕숙천이 흘러가는 방향을 따라 걷기
를 시작한다.

4. 화장실
앞으로 걷는 동안은 화장실이 강가에
서 멀찌감치 떨어져 있다.

한강 걷기 여행 지도-코스 3
광나루에서 서울숲 지나 응봉역까지

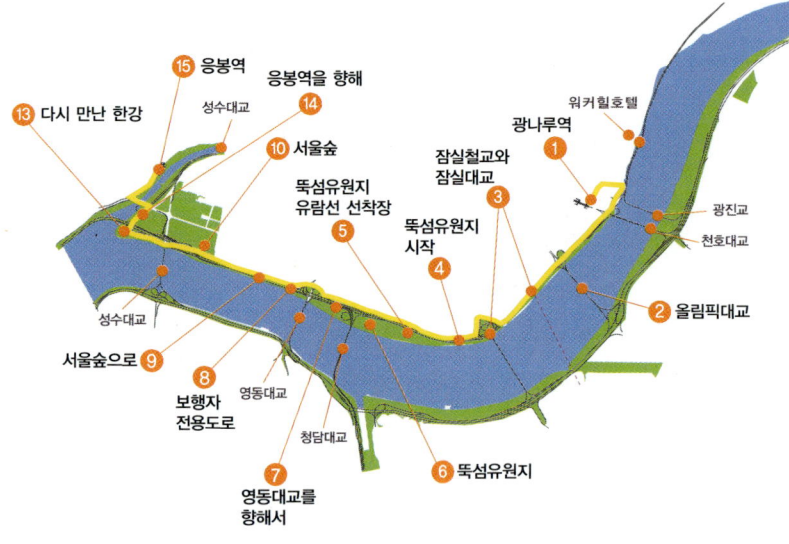

15 응봉역

응봉역을 향해

13 다시 만난 한강

성수대교

14

워커힐호텔

10 서울숲

광나루역

1

잠실철교와
잠실대교

뚝섬유원지
유람선 선착장

3

5

뚝섬유원지
시작

광진교

천호대교

4

2 올림픽대교

성수대교

서울숲으로 9

8

6 뚝섬유원지

영동대교

보행자
전용도로

청담대교

7

영동대교를
향해서

- **교통편**
  찾아가는 길 : 5호선 광나루역
  돌아가는 길 : 중앙선 응봉역

- **식사와 화장실**
  뚝섬유원지 구역의 한강유람선 선착장에 편의점이 있고 서울숲 공원 안에 매점과 패스트
  푸드점이 있다. 간이 화장실은 구간 곳곳에 있다.

  우리가 계획했던 코스의 완결편이다. 힘을 내자. 우리가 지금까지 걸어 온
  길은 약 23km. 앞으로 걸어야 할 길, 약 10km.

13. 다시 만난 한강
한강을 만나면 오른쪽으로 길을 잡는다.

15. 응봉역
3코스의 종착점.

9. 서울숲으로
영동대교를 지나 1.6km 정도가면 성수대교 조금 못 미쳐서 오른쪽으로 서울숲으로 들어가는 출입구가 있다.

11. 서울숲의 생태공원

Finish

1.3km   200m   400m   1.1km   2km

14. 응봉역을 향해서
중랑천을 거슬러 오르는 길이다.

10. 서울숲
소풍하기 딱 좋은 공원이다. 아이들이 좋아하는 놀이터와 쉴 수 있는 잔디가 넓게 펼쳐져 있고 응봉역을 향해 가는 길목의 생태숲에는 아이들이 직접 동물들에게 먹이주기 체험을 할 수 있는 미니동물원도 있다.

12. 한강 변으로 이어지는 길
강변북로를 가로지르는 다리를 건너면 한강 변으로 연결된다.

5. 뚝섬유원지 유람선 선착장

여의도까지 가는 유람선을 탈 수 있는 곳이다. 왕복 코스와 편도코스가 있다. 뚝섬선착장에서 타면 서울숲을 들러 잠실을 경유해 돌아오게 된다. 정확한 운항시간은 선착장으로 문의. 시간이 일정하지 않다.

요금 왕복 어른 11,000원,
어린이 6,500원
문의전화 02)468-7104

1. 광진교 북단에서 한강 변으로

광나루역 2번 출구로 나와 바로 앞의 횡단보도를 건넌다. 광진구체육센터를 끼고 오른쪽으로 걷다가 '서울숲 8km' 이정표가 보이면 강변으로 내려간다.

3. 잠실철교와 잠실대교

잠실철교를 지나 잠실대교 끝 지점에 화장실이 있다. 2010년 4월까지 보행 자전용도로가 만들어질 예정이다.

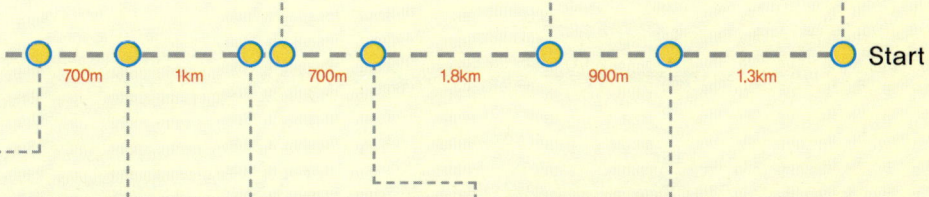

700m   1km   700m   1.8km   900m   1.3km   **Start**

6. 뚝섬유원지

공원 전체가 2009년 12월까지 공사 예정이라 조금 어수선하다.

2. 올림픽대교를 향해

올림픽대교를 향해 걷는다.

7. 영동대교를 향해

영동대교가 보이면 길은 두 가지로 나뉜다. 한강을 쭉 따라 걷거나, 아니면 서울숲을 지나 서 가거나. 서울숲으로 가면 1km 정도 더 걷게 된다.

4. 뚝섬유원지의 해상레포츠 클럽

뚝섬유원지가 시작되는 지점이다.

8. 보행자전용도로

영동대교를 지나면 오른쪽의 보행자 전용도로로 걷자. 오가는 자전거들이 많아 위험하다.

길 위에서 놀기 1

걸으며 노래하며

눈 감고 주위에서 나는 동물들 소리, 새 소리, 물소리, 바람 소리에 귀 기울여보자. 어린 시절, 엄마, 아빠와 함께 음악 활동(노래, 연주, 듣기 등)을 자연스럽게 경험하게 된다면 좋은 음악에 가슴으로 반응할 수 있는 감수성을 아이들에게 심어준다.

1) 노래 부르기

① 계절에 맞는 노래 부르기

봄, 여름, 가을, 겨울에 관한 노래를 한 가지씩 알고 있다면 멋진 자연을 만났을 때 아이와 자연스럽게 노래를 부를 수 있다. 〈씨앗〉〈봄 소풍〉〈물놀이〉〈허수아비〉〈눈사람〉 등.

② 교통 수단에 관한 노래 부르기

〈비행기〉〈기차〉〈배〉〈자동차〉〈로켓〉 등 노래도 상황에 맞게 즐겨보자.

③ 율동과 함께 노래 부르기

〈달팽이집〉〈호키포키〉 등의 노래를 가사에 맞춰 율동과 함께 불러보자.

유아의 노래는 율동과 떼어 생각하기 힘들다. 아이들이 어릴수록 노래와 율동을 곁들였을 때 더욱더 잘 전달된다. 쑥스러워하지 말고 아이들과 노래를 즐겨보자.

2) 노래 제목 맞히기

유아들과 평상시 즐겨 부르던 노래나 유행하는 〈토마토송〉〈당근송〉 등을 단순히 불러보는 것뿐만 아니라 노래 가사 대신 "아"나 "랄라" 등을 넣어 불러보자. 아이들이 제목을 맞히거나 노래 가사를 맞히는 게임을 함으로써 집중력과 듣기 능력을 높일 수도 있다. 역할을 바꿔서 아이들이 엄마에게 문제를 내보기도 한다면 아이의 자신감도 더욱 북돋울 수 있으며, 부상으로 사탕 등을 준비한다면 더욱 재미있다.

3) 음악 게임

① 박자 익히기

"산토끼 토끼야 어디를 가느냐 깡총깡총 뛰면서 어디를 가느냐"(〈산토끼〉)처럼 단순한 노래를 부를 때 두 다리를 모아 노래의 박자에 맞게 뛰면 자연스럽게 박자 감각을 익힐 수 있다. 노래 부르면서 뛸 때, 다양한 방법을 시도해보자. 앞으로 뛰기, 뒤로 뛰기, 지그재그로 뛰기 등.

② 방향 바꾸기

바닥에 둥그렇게 작은 원을 그리고 그 밖으로 큰 원을 그린다. 〈즐겁게 춤을 추다가 그대로 멈춰라〉〈마음씨 좋은 뚱보 아저씨〉 등의 노래를 큰 원을 따라 돌며 부르다가 손뼉을 한 번 치면 방향을 돌려 다시 돌고 두 번 손뼉을 치면 작은 원 안으로 쏙 들어간다.
→ 순발력과 몸의 균형 감각을 키울 수 있다.

③ 음 높이 맞히기

엄마가 "참새" 하고 높은 음을 내면 아이가 손을 머리 위로 하고 "짹짹" 높은 음을 내고, 엄마가 "황소" 하고 낮은 음을 내면 아이가 손을 땅으로 향하고 "음매음매" 낮은 음을 낸다.

4) 음악 만들기

① 소리 만들기

산책 중 만나게 되는 낙엽, 나뭇가지, 잔디, 풀, 돌멩이, 각종 빈 깡통 등을 가지고도 음악을 만들 수 있다. 서로가 서로에게 부딪히며 나는 소리를 즐겨보자. 길가에 있는 소품을 이용해서 '작은 난타' 공연을 해보자.

마시고 난 페트병에 모래나 각종 씨앗 등을 넣고 흔들어보자. 훌륭한 마라카스가 된다. 빈 통을 막대기로 쳐서 소리를 낼 수도 있고, 돌멩이를 서로 부딪치거나 물웅덩이에 던져서 신나는 소리를 만들어낼 수 있다. 주변에서 만날 수 있는 즉흥 악기를 통해 아프리카 원주민이 된 기분으로 연주해보자.

② 가사 만들기

〈비행기〉〈숲속을 걸어요〉 등의 익숙한 멜로디의 노래에 가사를 바꿔 넣어 불러보자. "깡총 깡총 산토끼, 달려라 호랑이, 높이 높이 캥거루, 무서운 사자"(〈비행기〉 노래 개사)

→ 무조건 가사를 만들어보라고 강요하면 오히려 거부감이 들 수도 있다. 콧노래를 부르며 흥을 돋워주고 조금 힌트를 주고 도와준다면 스스로 작곡한 것에 자신감을 갖고 즐거워할 것이다. 기록을 해놓는다면 아이의 동시로 남을 수도 있다.

③ 허공에 상상하여 만들기

비행기: 가로줄, 비: 세로줄, 번개: 사선, 메뚜기: 지그재그 줄, 파리: 둥근 원 빙글빙글 줄, 뱀: 곡선 등. 각종 동물이나 사물을 상상하여 바닥에 선으로 표현해보거나 "○○○ 가 되어보자"라며 몸으로 표현해보자.

→ 자유로운 표현력을 키울 수 있다.

아이들은 본능적으로 창작활동을 통해 무한한 기쁨과 자부심을 갖는다. 음악 습득은 학원이나 교습을 통해서만 이루어지는 것이 아니다. 지식 습득을 위한 악기 연주를 통해 음악 교육을 시키기보다는 어린 시절 음악적 감수성을 키워줌으로써 성장한 후에도 음악을 진정으로 즐기며 마음과 몸이 조화롭게 성장할 수 있도록 도와주자.

동요를 모른다고 고민하지 마세요.

도서관에서 유아, 아동 코너의 동요 책을 이용해보자. 요즘엔 CD가 같이 제공되는 것이 많이 있다. 그리고 인터넷 쥬니어네이버(동요세상), 야후 꾸러기(동요나라),, 다음 키즈짱(짝짝동요) 외에도 여러 사이트를 통해 동요를 들을 수 있다. 김성균 동요, 백창우 동요도 많이 부른다.

http://kids.daum.net/   http://kr.kids.yahoo.com/
http://jr.naver.com/   http://www.ppsong.com
http://100dog.co.kr/music/music.htm

놀며 걸으며

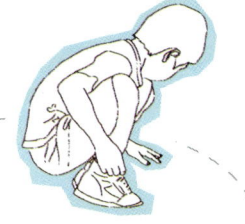

아이들과 마냥 걷기만 한다면 아이도 부모님도 지루하고 힘들 수 있다. 잠깐 숨을 고르며 그동안 놀아주지 못한 부모의 역할에 몰입해보자. 충실해보자. 아이와 함께 놀아주자.

놀이에 있어 규칙은 있어도 정석이란 있을 수 없다. 부모가 먼저 알고 있던 놀이라 하더라도 아이와 함께 규칙을 정하고 아이의 연령에 맞추어 놀이수준의 수위를 조절하여 놀아준다면 아이가 다양한 경험도 키우고, 가족간의 교류를 통해 사회성도 기르며, 독창적이고 창의적인 문제해결력을 키워줄 수 있다.

1) 기차놀이

놀이 방법:

① 고무줄이나 긴 줄을 준비해간다.

② 가족이 기차가 되어 '진달래꽃역', '소나무역' '애기꽃풀역' 등을 정하여 정차해가며 "여기는 ○○역입니다" 하면서 기차놀이를 한다.

→ 단순히 "○○ 이게 뭘까", "○○ 어떻게 생긴 걸까" 하고 자꾸 묻는다면 아이들도 엄마, 아빠가 자신에게 무언가 가르치려 한다는 걸 눈치 챈다. 놀이를 통해 자연스레 빠져들게 해보자. 경쟁의 놀이가 아닌 힘이 모아져야 기차놀이가 원활히 진행되므로 자연스럽게 협동심도 키울 수 있다.

2) 한 다리로 버티고 서 있기

놀이 방법:

① 각자 작은 원 하나씩을 그리고 그 안에 서서 한 발을 든다.

② 원 밖으로 나가거나 두 발이 땅에 닿으면 지는 게임이다.

③ 숙달된 다음에는 두 눈을 감고 해본다.

3) 한 줄 따라 걷기

놀이 방법:

① 바닥에 긴 선을 하나 그어놓고 그 길을 따라 걷는다.

② 선에서 벗어나면 벌칙을 준다.

③ 지그재그 선으로 응용 놀이하기.

→ 한 다리로 서거나 중심 잡기 놀이를 통해 균형 감각을 키워줄 수 있다.

4) 두꺼비집 짓기 놀이

놀이 방법:

① 손바닥 하나를 모래바닥에 놓는다.

② "두껍아, 두껍아, 헌 집 줄게. 새 집 다오" 노래를 부르며 손등에 모래를 잘 두드려 가며 쌓는다.

③ 손을 조심스레 뺄 때 가장 크고 긴 두꺼비 집을 만든 사람이 이긴다.

5) 나뭇가지 세워 쓰러뜨리기

놀이 방법:

① 모래나 흙을 많이 모아 모래 산을 만든다.

② 가운데 높은 곳에 나뭇가지를 세워 꽂아둔다.

③ 순서를 정한 후 나뭇가지가 쓰러지지 않도록 흙을 조금씩 가져간다.

④ 마지막에 나뭇가지를 쓰러뜨리면 지는 게임이다.

→ 집 주변 놀이터에 모래가 사라지고 그 자리를 고무나 우레탄이 차지해버린 요즘에는 아이들이 모래 놀이를 하기도 쉽지만은 않은 환경이 되어버렸다. 오늘 하루만이라도 아이들의 옷이 더러워지거나 집 안에 모래가 들어오는 것을 두려워하지 말고 아이들과 함께 두꺼비집 짓기나 흙과 모래를 이용한 놀이를 함께 해보자.

6) 신발 숨기기

놀이 방법:

① 부모나 아이 중 한 명이 술래가 되어 가족의 신발을 숨긴다.

② 술래가 "다 숨겼다"라고 외치면 가족 스스로 자신의 신발을 찾아온다.

→ 산책 다닐 때 여러 가지 도구들을 가지고 다니기 힘들기 때문에 가능한 몸에 지닌 것으로 놀이를 할 수 있으면 좋다. 꼭 보물이 아니라도 신발을 찾으며 어느 곳이 숨기기 좋은 장소인지 주변을 살피게 되고, 긴장감을 갖고 술래의 입장에서 생각해보게 되는 놀이다.

7) 신발 벗어 던져 원하는 위치에 놓기

놀이 방법:

① 과녁을 땅바닥에 그린다.

② 발에 꿰고 있던 신발을 벗어 던져 안쪽까지 들어가면 이긴다.

→ 중심 잡기와 집중력을 요하는 놀이다.

8) 끝말잇기 놀이.

놀이 방법:

① 순서를 정한다.

② "나무→무지개→개미→ ……" 이런 식으로 순서를 돌아가며 끝말을 이어보자.

→ 아이와 주변 환경을 둘러보며 자연스럽게 놀이할 수 있으므로 눈으로 자연을 감상하고 가슴으로 가족과 연결된 꼬리를 이어나간다면 가족의 정이 더욱 돈독해질 것이다.

9) 돌멩이 비석 치기

놀이 방법:

① 큰 원을 그린 후 중심점을 잡는다.

② 원의 중심에 비석(돌)을 세워놓는다.

③ 원 밖에서 돌을 던져 비석을 맞혀 쓰러뜨린다.

10) 돌멩이 뒤로 던져 원 안에 넣기

놀이 방법:

① 작은 원을 그린다.

② 원에서 조금 떨어져 선 하나를 그린다.

③ 선 밖에서 원에 등을 돌리고 쭈그리고 앉아 돌을 던져

넣는다.

11) 풀피리 불기
놀이 방법:
잎이 얇고 넓은 풀잎으로 피리를 불어보자. 많이 어렵지만 작은 소리라도 낼 수 있다면
아이들의 자신감 넘치는 표정을 볼 수 있다.

12) 풀잎 떼기 놀이
놀이 방법:
① 아카시아와 같은 잎사귀를 따서 수를 미리 세어 준비한다.
② 가위바위보를 하여 이긴 사람이 하나씩 잎을 따버리고 먼저 다 떼어낸 사람이 이기
는 놀이다.
→ 자연스러운 수 공부와 가위바위보를 통한 집중력도 키울 수 있는, 자연을 통해 배우
는 일석이조의 놀이다.

13) 꽃시계, 꽃반지 만들기
놀이 방법:

샐비어 꽃의 수술을 꺼내어 귀걸이를 만들고 민들레, 토끼
풀 같은 작은 들꽃으로 왕관, 팔찌, 꽃반지나 목걸이를 만
든다.
→ 마음과 정성을 모아 만든 꽃 장식품을 서로에게 선물해
보자. 좋은 추억으로 남게 될 것이다.

14) 모양 돌 찾기, 나뭇잎 찾기
놀이 방법:

① 산책 중 자연물을 모아 집에 가져온다.
② 나뭇잎 등은 책갈피 사이에 넣어 말리고 돌이나 솔방울
등은 잘 씻어 물기를 제거한다.
③ 나뭇잎 모양 찍기, 인형, 자동차 등을 만들어본다.
→ 산책 후 그날 본 것 중 기억에 가장 많이 남는 것을 그

림으로 그리게 해보자. 엄마가 그림 뒷면에 날짜와 장소, 상황 등을 적은 다음 그것을 모아둔다면 가족만의 훌륭한 그림책을 완성할 수 있다. 또한 일방적인 지식 전달보다는 아이들과 산책 가기 전에 자연관찰도서나 계절별 도감 등을 같이 보며 자연물을 미리 알아둔 후 현지에 나가서 숨은그림찾기 놀이처럼 '책에서 본 것 찾기 놀이'를 하면 재미있게 자연을 익힐 수 있다.

요즘 아이들은 숨바꼭질 놀이를 잘 모른다고 한다. 컴퓨터 오락과 스포츠 게임에 빠진 아이들을 즐거운 놀이를 통해 건강하게 해주자. 이도저도 어렵게 느껴진다면 아이와 시선을 맞춘 후 아이의 이야기에 귀 기울여주자. 그것만으로도 아이는 충분히 기쁨을 느낄 수 있다.

3부

한 걸음 또 한 걸음에
생각이 자란다

멀리 가보자

1. 춘천 호반을 걸으며 추억을 선물한다

춘천 가는 기차를 타자

20분 간격으로 출발하는 버스를 탈 것인가 아니면 시간을 잘못 맞출 경우 한 시간을 기다려야 하는 기차를 탈 것인가. 춘천 걷기를 계획하며 가장 먼저 생기는 고민은 춘천까지의 이동 방법이었다. 그냥 차를 몰고 가면 속 편하지 않을까? 그러나 걷기 여행을 마친 후 주차해둔 곳으로 다시 가야 하는 번거로움을 생각하니 차가 또 다른 짐이 될 듯싶다. 20대 주인공이 되어 드라마를 꿈꾸는 것은 아니지만 사랑하는 아이들과 긴 철길을 따라 북한강을 거슬러 춘천에 닿는 것은 엄마의 로망이다. 그래, 기차를 타는 거야!

집에서 청량리역까지만 한 시간이다. 춘천에 닿기도 전에 이미 긴 여행을 한 느낌은 뭘까?

벌써 지쳐서는 안 된다. 자가 발전기를 돌리자.

'아이들과 함께 낭만의 호반을 걷는 거다!'

다행히 10분 뒤에 출발하는 무궁화호 열차가 있다. 호두과자 한 봉지를 간식거리로 챙겨 들고 기차에 올랐다.

앞을 향하고 있는 의자를 돌려놓고 아이들과 마주 보고 앉으니 그제야 긴장이 풀리고 기대로 들뜬 얼굴이 눈에 들어온다. 아이들은 기차를 타는 것만으로도 흥분해 있지만 내심 들뜬 것은 엄마다.

춘천은 '어디'가 아니라 '무엇'이다. 춘천 가는 길의 대성리, 강촌이 떼를 지어 MT를 가던 공적인 공간이라면, 거기서 더 들어가는 춘천은 사적인 공간이다. 춘천으로 MT를 가지는 않으니까. 춘천은 여행에 목말랐던 20대 초반의 젊은이, 특히 연인들이 가장 쉽게 다가

갈 수 있는 여행지였다.

"춘천에 데이트하러 가는 사람들은 꼭 이 기차를 타."

"그럼, 엄마도 아빠랑 데이트할 때 이 기차 탔어?"

데이트라는 말에 두 눈을 동그랗게 키우던 규진이 묻는다.

"그럼!"

환호와 야유를 섞은 애매모호한 탄성을 날리는 딸아이. 아빠가 소양
호 아래에서 군 생활을 한 까닭에 면회 가느라 기차를 여러 번 탔다
는 말은 하지 않는다. 여러 가지 복잡한 설명을 곁들이게 될까봐.

남춘천역에서 공지천으로

춘천역은 2009년 12월까지 공사 중이라 전 역인 남춘천역이 경춘선
의 종착역이 되었다. 미군부대의 담을 마주 보고 조용히 서 있던 춘
천역이 아니라서 왠지 낯설다. 춘천역 앞에서 소양호로 데려다주던
12번 버스가 서 있는 걸 보고서야 춘천에 왔음을 실감한다.

택시를 잡아타고 공지천으로 간다. 공지천의 상징인 오리배를 타자
고 조르면 어쩌나 걱정했는데 다행히 예전에 여주 강변에서 오리배
를 탔던 기억을 떠올리며 조용히 지나간다. 오리배가 속도를 내기도
힘들고 보는 것만큼 재미있지 않다는 걸 아는 것이다. 고맙다. 의외
의 복병인 자전거 대여소가 떡하니 버티고 있지만 타고 가면 다시
돌아와야 한다는 말에 순순히 걸음을 옮긴다.

"자전거 타고 가면 좋을 텐데."

아쉬움이 남는가 보다. 그래, 자전거를 타고 갔다가 돌아오는 걸로 계획을 바꾸면 좋겠지만 엄마가 자전거를 못 타서 어쩔 수 없다. 자, 씩씩하게 걷자.

왼쪽에 중도가 보이면 공지천이 끝나고 의암호와 만난다는 표시다. 호반 위에 길게 누운 섬이 매혹적인 그림을 만들어낸다. 하중도다. 계속 걸으면 섬은 끊어질 듯하다가 다시 상중도와 연결된다. 중도 선착장에서 배를 타고 들어가는 중도 유원지는 하중도, 인근 주민들이 밭농사를 짓는 넓은 초지는 상중도다. 상중도를 지나면 소양호를 건너 고구마섬을 만나고 우리의 목적지인 위도까지 이르게 된다. 모두 네 개의 섬을 지나는 코스다. 의암호를 아름답게 만들어주는 이 섬들이 없다면 춘천이라는 이름에 앞서 붙는 '호반'이라는 단어는 없었을지도 모르겠다. 청평댐에 가로막힌 청평호, 소양강댐에 가로막힌 소양호는 그 물들이 갈 곳을 몰라 일렁이지만 의암호는 이 섬들이 물길을 잡아주어 은빛 쟁반처럼 고요하지 않은가. 그냥 '호수'가 아니라 '호반'인 게다. '호반'을 발음해보라. 입술을 둥글게 모았다가 혀끝이 입천장 앞머리에 닿는 단정한 ㄴ 받침소리가 잔잔한 저 수면을 닮지 않았는가.

소양 2교 건너 위도를 향해

걷는 동안 매점이 없어 음료를 충분히 챙긴다고 챙긴 것이 목적지에 도착하기도 전에 동이 났다. 아들 녀석은 최대한 괴로운 표정으로 엄마의 모성을 자극하지만 어쩌겠나. 소양 2교를 건너야 매점이 있단다.

"저기 다리 보이지? 저 다리 건너면 편의점이 있을 거야. 어서 가자."

소양 2교를 건너기 전에는 편의점이 아니라 해 저문 소양강에서 순정을 노래하는 소양강 처녀상이 기다리고 있다. 순박한 처녀라기보다는 비장한 여전사 같은 표정의 동상이다. 동상 아래서 기념사진이라도 찍으려 했더니 처녀 동상은 뚝 잘리고 소양강 처녀상이라는 글씨만 배경이 되었다. 기념사진에 목매기보다는 어서 다리를 건너 편의점을 찾아야겠다.

다리를 건너자마자 보이는 편의점에서 생수 두 병을 사서 다시 호반으로 향했다. 유원지의 느낌과는 거리가 먼 주택가를 지나니 고구마섬이다. 생긴 모양이 고구마를 닮았다고 해서 재미난 이름이 붙은 섬이다. 지도로 보면 진짜 맛있는 고구마같이 생겼다. 좁다란 모래 언덕으로 이어져 있어 들어가 보고 싶은 충동을 불러일으키지만 고구마는 고구마인 채로 두
어야 할 것 같아 춘천인형극장
으로 쭉 걷는다.

목적지에 다 와간다니 아이들
마음도 여유가 생기는지 발걸음
이 가볍다. 공지천 변에서 출발
할 때 비추던 햇살이 사라지고 안개가 끼면서 더위가 좀 가신 덕분
이기도 하다.

인형극을 볼 나이가 지난 아이들은 인형박물관보다 위도로 들어가
는 다리를 궁금해한다.

"위도에 가려면 좀 더 걸어야 하는데…… 더 걸어볼까?"

의암호에 떠 있는 섬들을 보기만 했는데 다리를 건너면 들어갈 수
있다는 게 반가워서인지 저희들이 먼저 앞장을 선다.

보람찬 하루 일을 끝내며

위도는 신매대교 아래로 길게 누워 있는 섬이다. 신매대교 중간에
섬으로 내려가는 구름다리가 있다.

해마다 열리는 춘천마임축제의 피날레 행사인 '도깨비난장'이 위도에서 펼쳐진다. 맘껏 분장을 하고 저녁부터 다음 날 새벽까지 난장을 치며 놀아보는 파티. 생각만 있고 몸은 가보지 못한 뜨거운 청춘들의 파티다. 이 녀석들을 양옆에 끼고 나도 한번 놀아봐? 올해는 이미 5월에 열렸으니 내년을 기다려야 한다.

공원 안 매점에서 컵라면 하나씩을 먹고 나니 양쪽 어깨가 무겁게 느껴진다. 걷는 동안 느끼지 못했던 피곤함이다. 위도 한 바퀴를 온전히 걷겠다는 욕심을 버리고 호숫가 나무 벤치를 찾아 앉았다. 이제 중앙로 닭갈비골목을 찾아가 맛난 닭갈비를 먹고 집으로 돌아가는 기차에 오를 일만 남았다.

나중에 아이들이 커서 제 애인이나 친구와 춘천에 오게 되면 엄마랑 같이 걸었던 오늘을 떠올리겠지. 아니, 그때도 이 도시는 여행에 목마른 청춘들을 유혹하는 절대 강자로 남아 있을까? 나이가 일흔이 되어도 춘천은 내게 청춘의 도시일 텐데.

춘천의 명동인 중앙로에 가면 좁은 골목 양쪽으로 닭갈비집들이 늘어선 닭갈비골목이 있다. 골목 가득 매콤하고 달콤한 닭갈비 냄새가 진동을 한다. 그중에서 아이들과 같이 갈 만한 집은 '명물닭갈비'. 가격이 다른 집에 비해 비싸기는 하지만 치즈닭갈비, 버섯닭갈비 등 아이들과 먹기에 좋은 퓨전닭갈비를 파는 집이다. 춘천 인형극장 앞 버스 정류장에서 중앙도로 가는 버스를 탄다.

치즈닭갈비 12,000원, 표고버섯닭갈비 10,000원

휴무 일요일

문의 전화 (033)257-2961

춘천 호반 걷기 여행 지도

북한강

위도
10

애니메이션 박물관으로
가는 버스 타는 버스 정류장

Finish   소양호

신매대교

9 춘천인형극장

8 고구마섬

7 호반 쪽으로

상중도

6 소양 2교

소양강
처녀상
5

애니메이션
b 박물관

의암호

강원도청

명동 닭갈비골목

하중도

중도를
바라보며
걷자
4

춘천역

3 공지천

춘천MBC

춘천어린이회관

춘천시내

Start 버스 정류장

중도선착장

1 공지천조각공원

황금비늘
a 테마거리

2

에티오피아기념관

- **교통편**
  기차—청량리역에서 춘천행 경춘선 이용.
  1시간 단위로 무궁화호 열차 출발
  남춘천역 하차. 역 앞 버스 정류장에서 공지천행 버스 이용. 공지천 앞 하차.

  고속버스—동서울종합터미널에서 춘천행 버스 이용.
  배차 간격 15분~20분 간격으로 출발
  소요 시간 1시간 30분~1시간 50분
  요금 일반 8,500원, 어린이 4,300원
  춘천시외버스터미널 건너편에서 택시 승차. 공지천 하차. 기본 요금 내외.

  ※ 버스보다는 기차를 추천한다. 아이와 함께하는 여행이니 화장실이 있는 기차를 타는 것이 좋겠다.

- **식사와 화장실**
  공지천과 소양 2교에 화장실이 있고 춘천인형극장 안에 화장실이 있다. 걷기를 하는 중에는 공지천과 소양 2교 인근 그리고 위도 안에 있는 매점을 이용할 수 있다.

Inform

1. 공지천조각공원
김유정문학비와 다양한 조각품이 잔디와 어우러진 공원.

a. 황금비늘 테마거리
춘천에서 활동했던 작가 이외수의 작품세계를 만날 수 있는 거리.
산책로를 따라 그의 시와 소설의 일부를 담아 놓은 조형물이 서 있다.

3. 공지천
코스의 출발점. 자전거 대여점이 복병일 수 있으니 아이와 충분히 대화를 나눈 다음 걷기를 유도하자.

Start

370m
강원예식장앞
(버스를 이용할 경우)

160m

300m

500m

2km

2. 에티오피아기념관
춘천시와 자매결연을 맺고 있는 에티오피아는 6·25전쟁 당시 아프리카 대륙에서 유일하게 파병을 해준 나라이다. 에티오피아 커피를 파는 카페가 공지천 변에 위치해 있다.
관람 시간 9:00~18:00
　　　　　　매주 월요일 휴관
관람료 무료
문의 전화 (033)250-3931

4. 중도를 바라보며 걷자
왼편에 의암호를 끼고 쭉 걷는 코스.

5. 소양강 처녀상
그 유명한 소양강 처녀 동상이다.

7. 호반 쪽으로
소양교를 건너면 왼편의 호반 산책로로 길을 잡는다.

b. 애니메이션 박물관
애니메이션의 역사와 제작과정을 직접 보고 체험할 수 있는 곳. 우리나라에서 만들어진 애니메이션들을 비롯해 최신 애니메이션과 캐릭터들이 전시되어 있는 곳이다. 전시실 외에도 다양한 체험관과 3D 영화 상영관이 있어 아이들의 사랑을 듬뿍 받는 곳이다.
춘천인형극장을 둘러보고 신매대교 위에 있는 버스 정류장에서 방동리행 82번 버스를 탄다.
관람시간 하절기(4월~10월) 10:00~18:00
　　　　　동절기(11월~3월) 10:00~17:00
관람료 어른 4,000원, 어린이 3,000원
휴관일 매주 월요일, 공휴일 다음 날

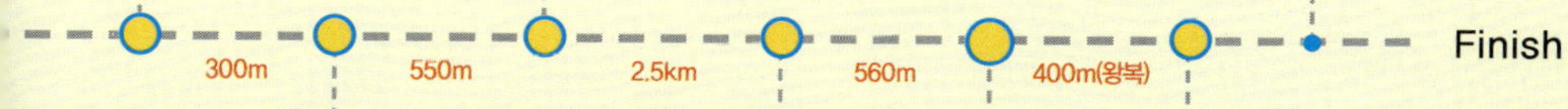

300m　　550m　　2.5km　　560m　　400m(왕복)　　**Finish**

6. 소양 2교
소양 2교가 보이면 계단을 통해 도로로 올라선 후 소양교를 건넌다.

9. 춘천인형극장
인형극 공연이 펼쳐지는 곳. 인형극박물관에서는 인형극에 관련된 다양한 전시물을 볼 수 있다. 매년 여름 인형극축제가 열리는 곳이다.
관람 시간 10:00~17:00(월요일은 휴관)
관람 요금 만 3세 이상 2,000원
인형극 공연 문의 (033)242-8450

8. 고구마섬
섬의 모양이 고구마를 닮았다고 해서 붙여진 이름.

10. 위도
섬의 모양이 고슴도치를 닮았다고 해서 붙여진 이름이다. 호반의 정취를 느낄 수 있는 곳. 주말에는 위도 안의 오토 캠핑장을 찾는 사람들로 북적인다.
입장료 어른 1,800원, 어린이 600원

2. 한옥의 정취, 멋과 향기를 찾아가는 길
전주한옥마을

전주한옥마을을 둘러보다

전주한옥마을을 둘러보던 중 규진이가 들뜬 목소리로 묻는다.

"한옥마을도 낙안읍성처럼 군불 지피는 거야?"

"옛날에는 그랬는데 지금은 다 보일러 깔았을걸."

보일러로 난방 한다는 말에 기대 가득했던 딸아이의 얼굴이 실망의 빛으로 변한다.

순천 낙안읍성 안의 초가지붕 아래서 하루를 묵으며 아랫목이 주는 행복에 흠뻑 빠졌던 규진에게 최고의 숙박지는 최신 시설의 콘도도 아니고 멋들어진 호텔도 아닌 낙안읍성 초가집이다. 당황스러웠다. 우리 한옥의 멋을 보여주기 위해 찾아왔는데 고풍스러운 기와지붕 아래로 현대식 난방 시설인 보일러가 깔려 있다고 설명해야 하다니.

아궁이 하나 있고 없음에 그 가치가 급락하는 한옥마을을 살려내기 위해 나는 이 마을이 만들어진 배경을 설명해주기로 했다.

전주한옥마을은 어떻게 만들어졌을까?

1905년의 을사조약으로 우리나라에서 자유롭게 거주하게 된 일본인들은 군산항에서 가까운 전주에까지 들어와 살기 시작했다. 처음에는 천민이나 상인들이 주로 거주하는 서문 밖에서 상업 활동을 하며 살던 일본인들은 전주와 군산을 잇는 도로 개설을 빌미로 읍성의 서쪽 부분이 헐리자 자연스럽게 성안으로 들어와 살기 시작했다. 전주의 중심이었던 다가동과 중앙동까지 진출해 상권을 형성하기 시작한 일본인들은 거주지까지 성안으로 옮겼다.

전주읍성은 단순한 읍성이 아니다. 500년 조선왕조를 잇는 주축이었던 전주 이씨의 본향이니 성안에 살던 양반뿐 아니라 일반 서민들도 그 자부심이 대단했으리라. 나라의 근본이 주저앉은 상황에서 성까지 허물어지고 외세가 상권을 쥐고 흔드는 현실은 비분강개할 노릇이지 않았겠는가.

1911년, 풍남문을 제외하고 성곽의 모든 자취는 사라져버렸고, 대대로 살아온 터전은 구획 정리를 빌미로 난도질을 당했으며, 일본인 거주 지역은 전주 전체로 확대되었다. 일본인들과 함께 거주할 수 없다며 풍남문 인근의 교동에 한옥을 새로 짓고 살기 시작한 것이 1930년 무렵이다.

성곽의 일부인 풍남문이 남아 있는 곳. 태조 이성계가 왕이 되기 전 남해안 일대에 침입한 왜구를 물리치고 돌아가던 길에 승전을 자축하며 지은 오목대가 있고 태조 이성계의 어진(御眞)을 모신 경기전과 《조선왕조실록》을 보관한 전주사고가 있는 곳. 이곳에 새로이 집을 짓는다는 것은 양반으로서의 위엄을 지키는 일을 넘어서 언젠가는 빼앗긴 나라를 되찾으리라는 희망을 상징하는 것이 아니었을까?

전주한옥마을의 오늘은?

향교의 일부로 유생들의 공부방이었던 양사재의 일부 방들을 제외하면 군불 때는 구들장을 가진 한옥은 전주한옥마을에 없다. 한옥이라 해도 1930년 이후에 지어진 것이니 전통 양반가옥과는 겉모양새나 내부 구조도 많이 다르다. 외암 민속마을의 양반가옥이나 남산한옥마을의 양반가옥과 비교하면 전주의 한옥마을은 어린 시절 내

가 살았던 인사동과 비
슷하다. 그러나 불과
30년 만에 식당들로
변해버리고 외국계 커
피 체인점들이 들어선

인사동과 비교하면 여전히 이웃과 어깨를 나란히 하며 검은 기와지
붕을 이고 사는 전주한옥마을은 돌무더기 사이의 보석처럼 귀하디
귀한 곳이 아닐 수 없다.

1977년 한옥보존지구로 지정된 이후 한때 700여 채에 이르렀던 한
옥이 현재는 500여 채로 줄어들긴 했지만 한옥의 가치와 우리 전통
문화에 대한 사람들의 관심이 늘어나면서 한옥마을의 풍경은 날로
그 품이 넉넉해지고 있다.

창호지로 스며드는 은은한 햇살, 긴 툇마루에 걸터앉아 마당의 풍경
을 바라보는 여유를 맛볼 수 있는 한옥 체험, 풍류를 즐기던 우리 민
족이 술 빚기에 어떤 정성을 기울였는지 알아볼 수 있는 술박물관,
한지가 만들어지는 과정을 체험할 수 있는 한지박물관을 비롯해 전
통문화를 체험할 수 있는 다양한 체험관들이 여행객을 반겨준다. 밋
밋하던 거리는 아름다운 휴게 공간이 되었고 공방 안에 갇혀 있던

수공예품들이 주말이면 좌판 위로 나와 발길을 잡는다.

검은 기와지붕에 돌담들은 그대로 있지만 뭔가 조금씩 채워지고 있는 느낌. 그래서 전주한옥마을은 늘 변함없고 또 새롭다.

아이들을 위한 한옥마을 즐기기

한옥마을이 만들어진 배경을 설명해도 한옥에 대한 아이들의 시큰둥한 시선은 여전하다. 지방의 TV 사극 촬영장보다 인기가 없다. 지금까지 살아온 만큼씩은 더 살아야 할까? 신념과 가치관이 지켜낸 전통의 멋은 밥그릇 수를 어느 정도 늘려놓아야 깨달을 수 있는 법이니까.

소설 《혼불》의 작가 최명희가 누군지도 모르지만 최명희문학관에서 책 만들기 체험을 하고, 전통공예품전시관에서 도우미 선생님의 손을 빌려 한지를 이용한 보석함도 하나씩 만들고, 전주전통문화원 앞마당에서 널뛰기, 투호놀이, 제기차기 등 전통놀이를 하며 신나게 움직인 후 식당에 들어가 영양 만점 전주비빔밥 한 그릇 맛나게 먹는 것으로 아이들의 한옥마을 즐기기는 10점 만점에 10점이었다. 물론 내 기준이다.

비빔밥을 먹고 싶다면? – 〈성미당〉

전통적인 육회비빔밥으로 유명한 식당. 전통유기에 한번 비벼 나오는 것이 특징.
비빔밥의 명인으로 통하는 어머니의 솜씨를 물려받아 딸이 운영하고 있다.

육회비빔밥 12,000원, 전주비빔밥 10,000원

문의 전화 (063)287-8800

휴무 설, 추석 명절 당일

전주객사 건너편 골목 안으로 들어가서 오른쪽의 샛길 안에 있다.

전주콩나물국밥 – 〈왱이집〉

국밥과 계란이 따로 나오는 것이 특징인 콩나물국밥. 푸짐하게 올라간 콩나물이 다른

집 콩나물국밥과 차별되는 요소. 아삭하게 씹히는 맛이 늘 먹는 콩나물을 다시 보게 만든다.

콩나물국밥 5,000원

문의 전화 (063)287-6980

연중무휴

전주객사에서 한옥마을을 향해 걷다가 오른쪽 골목으로 들어간 곳에 있다.

한정식이 부럽지 않은 백반집 - 〈죽림집〉

밥 한 공기에 따라 나오는 반찬이 20가지가 넘는 백반. 1,000원 더 비싼 정식에는 5~6가지가 더해진다. 기대 그 이상의 백반.

백반 6,000원, 정식 7,000원

문의 전화 (063)284-4030

휴무 설, 추석 명절 당일

전주객사에서 한옥마을 쪽으로 걷다가 전북도청이 있는 오른쪽 길로 쭉 들어간다. 중부경찰서를 지나 왼편에 있다.

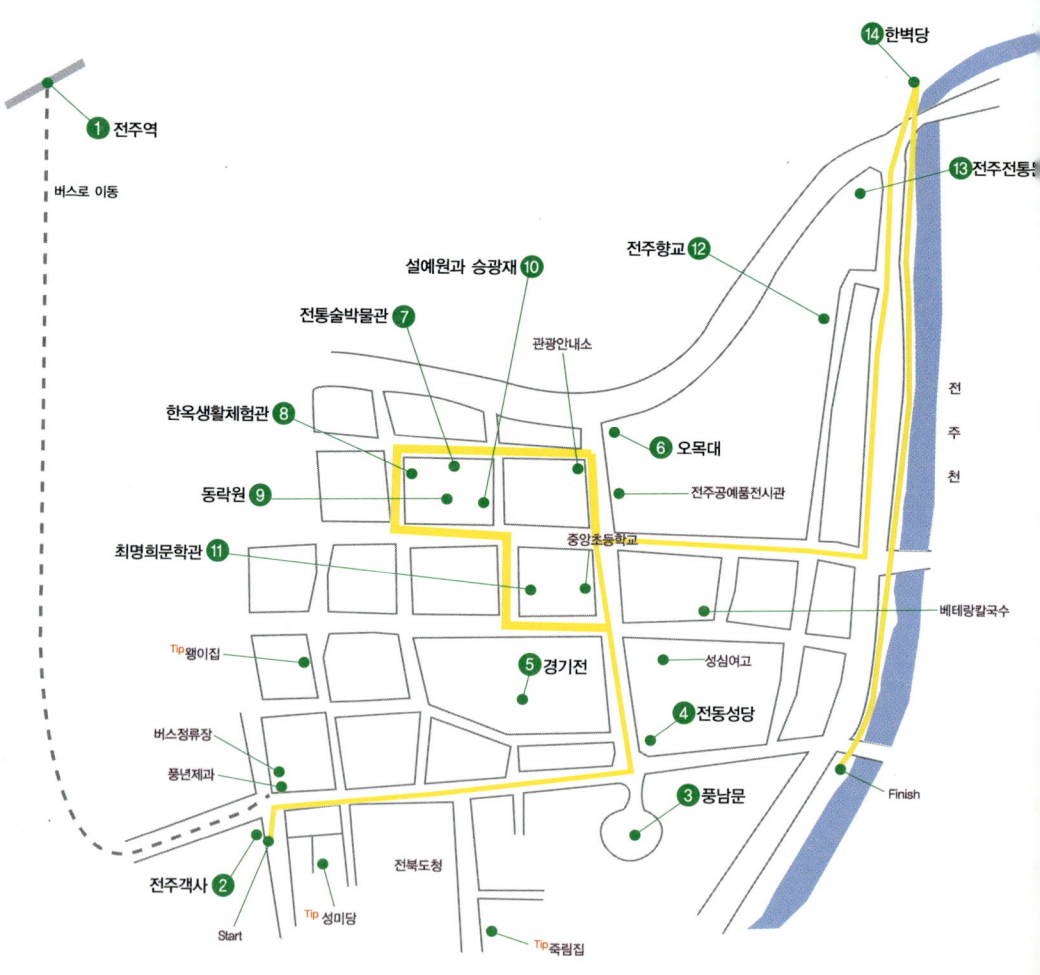

전주한옥마을 걷기 여행 지도

14 한벽당
13 전주전통
12 전주향교
설예원과 승광재 10
전통술박물관 7
관광안내소
한옥생활체험관 8
6 오목대
동락원 9
전주공예품전시관
최명희문학관 11
중앙초등학교
베테랑칼국수
Tip 왱이집
5 경기전
성심여고
버스정류장
4 전동성당
풍년제과
Finish
3 풍남문
전주객사 2
전북도청
Start
Tip 성미당
Tip 죽림집

1 전주역
버스로 이동
전 주 천

- **교통편**
  용산역에서 KTX 호남선 탑승, 전주역 하차. 전주역 건너편 버스 정류장에서 전주객
  사행 118, 119번 버스 탑승, 예술회관 정류장 하차.

- **숙소**
  전주한옥마을 내 한옥체험관
  (별도 안내 192P)

> 전주한옥마을만 둘러보지 않고 전주객사에서 시작하여 전주 시내를 관통하
> 는 것으로 코스를 잡았다. 예향의 도시 전주의 이모저모를 둘러보며 걷는
> 코스다.

Inform

5. 경기전
태조 이성계의 어진(영정)을 모신 곳
조선왕조실록을 보관한 전주사고와 경
주 이씨 시조와 시조비의 위패를 모신
조경묘가 함께 있다.
관람료 무료
관람 시간 하절기 9:00~18:00
　　　　　 동절기 9:00~17:00
관람료 무료

3. 풍남문
일제 강점기에 군산과 전주를 잇는
전군가도가 만들어지면서 풍남문의
서쪽이 허물어지고, 성 밖에 거주하
던 일본 상인들이 성안으로 들어와
사는 계기가 되었다. 한옥마을이 만
들어진 것도 이 시기.

전주비빔밥이 식상하다면 – 베테랑 칼국수
전주한옥마을 내 성심여고 앞의 분식
점. 전주에서 베테랑 칼국수를 모르면
간첩이라고. 들깨가루를 얹은 푸짐하고
진한 맛의 칼국수와 직접 빚는 만두가
주 메뉴.

칼국수 4,000원 만두 3,000원
휴무 매주 일요일 **문의 전화** (063)285–9898

2. 전주객사
버스에서 내려 네거리에서 대각선 방
향으로 건너면 전주객사가 보인다.

Start ── 버스로 이동 ── 750m ── 80m ── 20m ── 470m ── 250m ── 150m ── 200m ── 150m

1. 전주역
전주역을 등지고 오른쪽의 횡단보도
를 건너 버스 정류장에서 완산동행
118, 119번 탑승. 예술회관 정류장 하
차.

6. 오목대
태조 이성계가 왕이 되기 전 남원에서
왜적을 무찌르고 돌아오는 길에 승전
을 기념하기 위해 지은 누각이다. 《용
비어천가》의 무대이기도 하다. 한옥마
을의 중앙이라고 할 수 있는 태조로의
끝에 있어 2층 누각에 오르면 한옥마
을 전경을 감상할 수 있다.

4. 전동성당
1914년에 지어진 호남 지역 최초의 서
양식 건축물. 허물어진 풍남문 성벽의
돌을 가져다가 주춧돌로 썼다고 한다.
영화 〈약속〉에서 주인공들의 결혼식
장면을 촬영한 곳이기도 하다. 뾰족한
로마네스크 양식과 둥근 지붕의 비잔
틴 양식이 절묘하게 조화를 이루고 있
는 아름다운 건축물이다.

7. 전통술박물관
우리나라 전통 술의 종류와 주조 과정
에 대해 전시하고 있는 곳. 전통주 시
음도 해볼 수 있다.
관람 시간 하절기 9:00~19:00
　　　　　 동절기 9:00~18:00
매주 월요일 휴관
관람료 무료

9. 동락원
항아리들이 옹기종기 모인 장독대와 마당이 예쁘게 어우러져 있는 집이다. 한옥 숙박 체험과 전통문화 체험도 할 수 있다.
숙박 요금 기본 50,000원부터(2인 기준, 조식 제공)

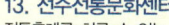

13. 전주전통문화센터
전통혼례를 치를 수 있는 화명원과 판소리 공연이 열리는 한벽극장, 한식당인 한벽루가 모여 있는 복합 공간. 가운데에는 놀이마당이 있어 널뛰기, 투호놀이 등 전통놀이체험을 상시로 할 수 있다. 한벽극장에서는 금요일부터 일요일까지 다양한 공연이 열린다.
문의 전화 (063)280-7000

11. 최명희문학관
소설 《혼불》의 작가 고(故) 최명희 씨의 작품세계를 만날 수 있는 곳. 다양한 기획 전시와 체험 행사가 열린다.
관람 시간 10:00~18:00
매주 월요일, 설, 추석 명절 당일 휴관
관람료 무료

15. 전주천
한벽당을 보고 나와 다시 전주전통문화원 쪽으로 가면 전주천변으로 내려가는 계단이 있다.
한옥마을의 외곽을 따라 흘러가는 전주천변을 걸어서 남부시장까지 가자.

16. 남부시장 앞
남부시장 앞에서 전주역 가는 버스를 타고 돌아온다.

200m   1km   250m   200m   120m   1km   Finish

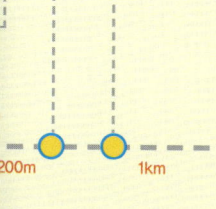

8. 한옥생활체험관
조선시대 양반가옥을 그대로 재현해놓은 곳. 전주시에서 운영하는 곳으로 숙박을 하지 않고 가볍게 둘러볼 수도 있다. 숙박을 하면 자전거를 무료로 빌려준다.
숙박 요금 기본 60,000원부터(2인 기준, 조식 제공, 1인 추가시 10,000원)
문의 전화 (063)287-6300

12. 전주향교
한옥마을에서 꼭 들렀다 가야 할 곳. 수령이 400년 넘는 은행나무와 느티나무들을 거느린 대성전과 명륜당이 선비정신을 상징하듯 고고하게 자리 잡고 있다.

10. 설예원과 승광재
조선왕조의 마지막 황손인 이석 씨가 사는 집이다.

14. 한벽당
조선건국에 공을 세운 최담이 지은 누각. 절벽을 깎아 터를 만들어 지은 누각에서 수많은 호남의 문인들이 시 한 수씩 읊었다고 한다. 전주 8경 중 하나로도 꼽힌다.

3. 새 친구를 사귀는 즐거움

알짜배기 부산 탐험

도시를 여행하는 일-부산 이야기

학교 공부에 도움이 되는 여행지들이 분명 있다. 신라의 역사를 알 수 있는 경주, 백제의 역사가 살아 숨 쉬는 부여와 공주를 여행하면 교과서에 등장하는 유적지를 실제로 보며 뿌듯해할 수 있다. 갯벌 체험을 겸한 바다 여행, 각종 제철 채소와 과일 등을 직접 수확해보는 농촌 체험여행도 있다. 초등학교 저학년까지는 체험여행, 그 위의 연령은 답사여행. 이것은 적절하고도 보편적인 가족여행의 패턴이다. 거기에 하나 더, 도시여행을 추천하고 싶다.

아무 연고 없는 도시를 여행하는 것은 마치 새로운 친구를 사귀는 것과 같다. 좋은 느낌을 주는 어떤 이를 만나서 그를 관찰하고, 그에게 첫인사를 건네고, 대화를 나누며 서로의 속내를 알아가는 사귐의 과정인 것이다. 선입견을 갖고 있던 사람과 우연히 나눈 속 깊은 대화로 마음을 열게 되기도 한다.

이름난 관광지를 여행할 때는 너그러운 마음을 준비해야 한다. 타지 사람들을 상대하며 생계를 유지하는 지역민에 대한 이해심, 나와 같은 여행자들에 대한 관대함, 소문만 듣고 찾아온 여행지에 대한 실망감을 스스로 정화시킬 수 있는 감성까지. 좋은 친구 만들기 노하우를 여행을 통해 배운다.

다이내믹 부산의 시작점-중앙동

지방자치단체의 노력으로 전국 도시들이 관광지가 되어가고 있지만 부산만큼 볼거리, 놀잇거리, 먹을거리가 다양한 도시가 또 있을까. 도시의 이곳저곳이 살아 꿈틀대는 역동적인 모습에 대한민국의 수도 서울도 꼬리를 내려야만 한다.

일 때문에 한 달 넘게 부산에 살다시피 하고는 또 일을 핑계 삼아 부산행 KTX를 탔다. 이번에는 두 아이와 함께한다. 두 녀석 모두 부산 여기저기를 돌아다닐 거라는 얘기에 시큰둥한 반응을 보이지만 여행의 끝자락에 서면 분명 부산을 사랑하게 되리라.

부산역에 내리자마자 길 건너 상해거리로 향했다. 작은 골목 양편에 자그마한 중국집들이 늘어서 있는 거리다. 엄마가 밥하기 귀찮을 때면 배달시켜 먹던 자장면이지만 이 거리의 역사와 유명세에 대해 설명하자 눈빛이 달라진다.

자장면 한 그릇을 후딱 비우고 향한 곳은 중앙동. 부산을 잘 보게 하려는 마음에서가 아니라 사랑하기를 바라는 마음에서 취한 행동이다. 광안리, 해운대만 보아서는 절대 알 수 없는 부산의 내면 풍경 한 자락을 만날 수 있는 곳이다.

"6·25전쟁 때 사람들이 부산으로 피난을 왔거든. 걸어서도 오고, 배를 타고 오고. 북한이 고향인 사람들은 헤어진 가족이 혹시나 배를 타고 올까 봐 부두에서 가까운 중앙동에 모여 살았어. 겨우 방 한 칸 얻어서 지게 지고 짐도 나르고 시장에 나가 장사

도 하면서……."

걸으면서 전해주는 엄마의 설명이 선생님 말씀처럼 귀에 쏙쏙 박히나 보다. 좁은 골목을 따라 걷는 아이들의 눈빛이 영화 속의 한 장면을 상상하고 있는지 사뭇 진지하다.

40계단 문화관에는 엄마의 설명보다 더 자세한 이야기들이 전시되어 있다. 1950년대 부산의 전경들, 피난민들의 애환, 반백년 전의 일상들이 문화관 곳곳에 자리 잡고 있다.

40계단 문화관을 나와 40계단으로 향한다. 헤어진 가족을 그리며 부두를 내려다보던 계단. 지금은 높은 건물에 가려 부두는 보이지 않지만 계단 중간에 앉아 있는 노신사 동상의 스피커에서 흘러나오는 〈경상도 아가씨〉의 노랫가락은 60년 전의 부산으로 우리를 데려가기에 충분하다.

40계단에 앉아 한숨 돌리던 지게꾼이 하루벌이를 하던 자갈치시장으로 간다. 비릿한 바다 냄새가 진동하는 길 양편으로 싱싱한 먹을거리들이 즐비하다. 꼼장어집, 횟집, 고래고기집, 생선구이집까지. 꽁치, 고등어에 오징어까지 욕심나는 찬거리들이 발길을 잡는다. 부산 사람이 아닌 것이 안타까울 지경이다. 새로 단장한 자갈치시장 수산물센터 뒤로는 수변공원이 마련되어 있다. 코앞의 섬은 영도.

지금은 볼 수 없지만 다리 아래로 큰 배가 드나들 수 있도록 다리 상판의 중앙 부분이 뚝 끊어져서 양쪽으로 열리는 영도대교 옆으로 나란히 부산대교가 영도와 연결되어 있다. 다리를 건너면 그 유명한 태종대가 있고 아름다운 바다 풍광을 온몸으로 느낄 수 있는 절영해안산책로가 있다.

'자갈치'라는 명칭은 시장 앞 바닷가에 자갈이 많이 깔려 있는 것에 더하여 멸치, 꽁치, 갈치의 '치'자를 붙인 것에 연유한다고 한다. 멸치와 꽁치가 자갈처럼 깔려 있었을 예전의 모습을 상상하며 걷다 보니 어느새 시장의 끄트머리다. 새벽이라면 눈부시게 불을 밝히고 경매하는 현장을 보기 위해 공판장까지 걸었겠지만 오늘은 지하도 건너 남포동으로 향한다.

피프(PIFF)의 거리를 지나 용두산공원으로

1980년대 남포동은 영화의 천국이었다. 그 시절 서울 종로 3가에 피카디리, 허리우드, 서울 극장과 단성사가 있었다면, 부산의 남포동에는 부산극장, 국제극장, 부영극장, 제일극장 등이 몰려 있었다. 이제는 세계적인 영화제로 자리 잡은 부산국제영화제가 이 남포동 거리에서 시작된 것은 당연한 일. 해운대 일대로 영화제가 옮겨가긴 했지만 세계 유명 영화인들의 핸드프린팅을 깔아놓은 피프의 거리는 여전히 남아 있고, 복합상영관으로 모습이 바뀌긴 했지만 극장들역시 거리를 지키고 있다.

국제시장 통에서 푸짐한 팥빙수 한 그릇 사 먹고 광복동 쪽으로 내려간다. 부산의 명동이란 옛 명성에 걸맞게 브랜드 의류점들이 길양쪽을 가득 메우고 있다. 이 길을 택한 이유는 용두산공원으로 올라가기 위해서다. 뜬금없이 길 한쪽에서 운행되고 있는 에스컬레이터를 보자 아이들은 놀이기구라도 타는 듯 신이 났다. 공원을 향해올라가는 에스컬레이터는 그 끝이 보이지 않을 정도로 길다. 뒤를돌아보니 아찔하다. 여행자를 위한 서비스. 역시 부산은 화끈하다.

최신 시설을 이용해 올라온 용두산공원은 조금 실망스럽다. 정자와이순신 장군 동상, 그리 높아 보이지 않는 부산타워가 전부다. 그러나 부산타워의 전망대에 오르면 헤어진 형제를 그리워하는 부산항에서부터 어마어마한 규모의 국제시장까지 한눈에 들어온다. 반대편으로는 산비탈 아래 옹기종기 붙은 집들이 만화같아 보이는 초량이다. 근대에서부터 현대에 이르기까지 잊지 않고, 버리지 않고, 혹은 마지못해 켜켜이 쌓아둔 흔적들이 고스란히 담겨 있어서일까?

360도 파노라마로 펼쳐지는 풍경이 마치 살아서 꿈틀대는 듯하다.

근대에서 현대로 이어지는 지난한 부산의 역사를 알 수 있는 부산근대역사관과 백산기념관은 개관 시간이 지나 둘러보지 못하는 게 아쉽지만 기회는 또 오겠지. 초량의 민주공원과 함께 둘러봐야겠다.

진짜 부산 바다를 만나다

태종대 온천에서 밤을 보내고 태종대로 간다. 걷는 것은 잠시 미루고 다누비 열차를 탄다. 귀여운 꼬마열차를 외면할 수 있나. 열차가 지나는 길목마다 친절한 설명이 스피커를 통해 흘러나온다. 전망대 승강장에서 내려서 처음 만나는 바다 풍광은 한마디로 망망대해. 부산항을 오가는 대형 컨테이너 선박들이 아니라면 마치 바다 한가운데 떠 있는 착각에 빠질 것 같다. 전망대에서 나와 영도 등대로 향한다. 신라시대 태종 무열왕이 이곳의 경치에 반해 오래 머물렀다 해서 태종대라 이름 붙여졌지만 태종대의 상징은 등대다. 그리고 등대

옆으로는 아찔한 자살바위가 있다. 양손으로 아이들 팔 하나씩 꽉 붙들고 벼랑 쪽으로 가니 천 길 낭떠러지 아래로 허연 파도가 부서지고 있다. 파도는 바람까지 위로 올려 보내고 있어 중심 잡기도 힘들다. 아차 하는 순간 발이라도 헛디디면 큰일이다.

태종대 바다는 오래 머물 여유를 주지 않는다. 등대 1층의 휴게실에 앉아 바다를 바라보려니 안전하다는 느낌보다는 유리창에 가로막혀 답답한 기분이 전해진다. 진짜 바다를 보러 가야겠다.

태종대에서 나와 왼쪽으로 길을 잡으면 바닷바람을 가득 안고 걷는 해안산책로의 시작이다. 이곳의 공식 명칭은 감지해안산책로. 편의점에서 한 입당 두 병씩 넉넉하게 생수를 사 들고 걷기를 시작한다.

중리해변까지 2km, 중리에서 절영산책로까지는 3km. 길지 않은 거리지만 해안가 바위를 따라 오르내리는 길이니 시간을 넉넉하게 잡아야 한다. 게다가 바다 풍광에 발목이 잡히면 꼼짝없이 주저앉게 되지 않겠나. 바삐 걷는 어리석음을 비웃으며 놀다 가라고 꼬드기는 파도 앞에서 바보처럼 헤헤 웃으며 놀아주어야 하지 않겠나.

바다와 나란히 이어진 숲길을 벗어나자 길은 바위 위와 옆으로 오르락내리락 리듬을 탄다. 힘든 것은 참아도 지루한 것은 못 견디는 아이들은 해안 절벽을 따라가는 길이 맘에 드나 보다. 나를 뒤에 두고 저만치 앞서들 간다. 갈림길이 나오면 왼쪽으로만 가면 된다. 오른쪽은 절벽 위쪽의 도로로 나가는 계단이다.

영도동에 가까워질수록 길이 줄어드는 것이 아깝다. 하루의 여유만 더 있다면 해운대에서 송정까지 이어지는 바닷길을 걸어볼 텐데. 그리고 내친김에 월내까지 가는 시내버스를 타고 기장, 칠암포를 따라가는 소나무숲길을 달려볼 텐데.

인생이라는 대지 위에 작은 숲 하나씩을 만드는 일이 여행이라면

아무 연고 없는 이 도시 안에 이야기 하나씩을 숨겨놓았다. 여기에서 저기로, 저기에서 여기로 진자처럼 움직이는 일상이 서글퍼질 때, 아, 나는 머나먼 이국의 도시에 두고 온 연인을 떠올리듯 황홀하고도 애절하게 40계단 미로의 골목과 영도의 해안산책로와 기장 가는 버스를 떠올리리라.

국제시장에서 먹은 팥빙수, 부산대 앞의 수제 소시지, 광안리의 밀면으로 부산을 기억하는 아이들도 언젠가는 이 도시를 다시 찾아와 내가 숨겨놓은 보물들을 찾아내겠지.

부산 걷기 여행 지도-코스 1
상해거리에서 남포동까지

초량 외국인거리 ①

상해 거리 ②

부산역 6번 출구
Start

홍성방 ③

고가도로

중부경찰서

40계단 문화관
(동광동주민센터) ④

40계단 문화관광
⑤ 테마거리

부산나라요양병원

청춘의 거리

⑥ 중앙동역

부산근대역사관 ⑯

⑰ 백산기념관

국제시장 ⑪

깡통시장 ⑩

⑭ 용두산 에스컬레이터
타는 곳

절음의 거리

족발골목

⑮ 용두산공원과
부산타워

⑬ 광복동패션거리

스타벅스

남포CGV

남포동역

Finish

피프의 거리 ⑫

신한은행

⑦ 건어물시장

영도대교

부산대교

부산극장 대영시네마

⑨ 지하철 자갈치시장역

⑧ 자갈치시장 수변공원

영도

- **교통편**
  찾아가는 길 : 부산역 건너편에서 코스가 시작되므로 대중교통을 이용한다면 고속버스보다
  는 기차가 편하다. 승용차로 움직인다면 부산역의 주차장을 이용하거나 자갈치시장의 공영
  주차장을 이용한다.
  지하철 부산역 7번 출구로 나와 왼쪽 골목으로 들어간다.
  돌아가는 길 : 지하철 중앙동역 이용.

- **추천 숙소 – 태종대온천**
  태종대온천은 24시간 찜질방과 함께 운영되고 있다. 지압을
  받을 수 있는 건강 풀 시스템과 노천탕도 있고 찜질방 시설
  도 넓고 쾌적하다.
  코스 1을 마치고 지하철 중앙동역 앞 버스 정류장에서 88번
  버스를 타고 태종대온천에서 내린다. 같은 버스가 부산역
  앞에도 정차한다.
  이용료 온천사우나+찜질방 어른 6,000원,
  　　　　미취학 아동 4,000원
  이용 시간 연중무휴

생동감 넘치는 부산을 만나보는 길이다. 100여 년 전 중국영사관이 있던
초량의 상해거리에서 출발해 피난민의 애환이 서린 40계단, 자갈치시장을
통과해 부산국제영화제의 시발지인 남포동에서 용두산공원의 부산타워까
지. 관광지가 아닌 일상 속의 부산을 걸어보자.

9. 지하철 자갈치시장역
자갈치시장을 빠져나와 자갈치시장역 4번 출구로 들어가 길을 건넌다. 3번 출구로 나와 왼쪽 골목길로 걷는다.

11. 국제시장
현대식 건물로 단장된 국제시장은 각종 공구와 공산품, 섬유 원단 등을 파는 상가 지역과 보세시장 지역으로 나뉜다. 특히 보세시장 쪽에 볼거리가 많다.

16. 부산근대역사관
용두산공원에서 중앙성당 방향으로 내려와 시내버스가 다니는 큰길을 만나면 왼편에 있는 곳. 일제 강점기 수탈의 상징이었던 동양척식주식회사 건물이다. 6·25전쟁이 끝나고 미국 해외공보처 산하의 부산문화원이 되었던 가슴 아픈 역사가 깃든 곳이다. 부산 시민의 힘으로 박물관으로 재탄생하게 되었고 부산 근대 역사를 한눈에 둘러볼 수 있는 전시관으로 꾸며져 있다.
개관 시간 화요일~금요일
9:00~18:00
휴관일 1월 1일, 매주 월요일
관람료 무료
문의 전화 (051)253-3845

13. 광복동
서울의 명동과 같은 곳. 대형 의류 매장들이 있는 거리다.

14. 용두산 엘리베이터
용두산공원으로 데려다주는 친절한 엘리베이터.
운행 시간 평일 10:30~18:00
휴일 및 공휴일 10:30~20:00(동절기 11월~5월은 18:00까지)

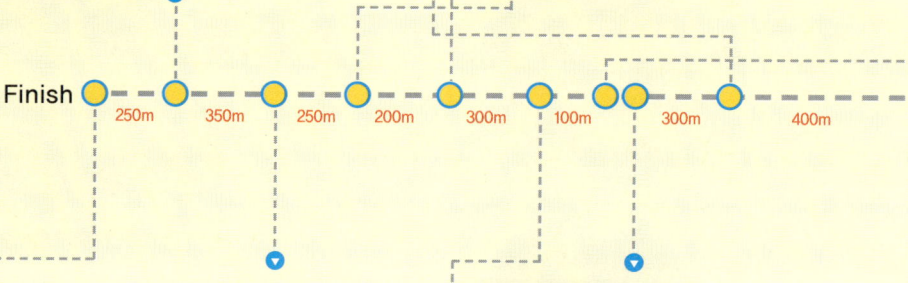

Finish ○ ─ ○ ─ ○ ─ ○ ─ ○ ─ ○ ─ ○ ○ ─ ○ ─ ○ ─
250m 350m 250m 200m 300m 100m 300m 400m

15. 용두산공원과 부산타워
한때 부산의 상징이었던 공원. 부산타워 전망대에 오르면 부산항과 국제시장을 한눈에 조망할 수 있다.
전망대 이용 시간 9:00~22:00
이용료 어른 4,000원, 어린이 3,500원
이용 시간 연중무휴

10. 깡통시장
전쟁 직후 공산품이 귀하던 시절, 미군 부대에서 흘러나온 물건들, 특히 통조림이 많이 거래되어 깡통시장이라 명명된 곳. 각종 수입물품들을 비롯해 부산어묵과 방송에 자주 소개된 유부주머니 등 저렴한 먹을거리로 가득한 시장이다.

17. 백산기념관
일제 강점기 항일운동에 물질적 지원을 아끼지 않았던 백산 안희제를 기념하는 곳. 거대 일본 자본에 맞서 무역업을 한 '백산상회'가 있던 자리에 세워졌다. 항일투쟁의 기록이 담긴 각종 유물들이 전시되어 있다.
개관 시간 화요일~금요일 9:00~18:00 금요일, 토요일 9:00~17:00
휴관일 월요일, 공휴일(삼일절, 현충일, 광복절은 제외)
문의 전화 (051)600-4068,4067

12. 피프의 거리
1996년 부산국제영화제가 시작된 곳. 세계 유명 영화인들의 핸드프린팅이 새겨진 거리로 극장들이 모여 있다.

5. 40계단 문화관광 테마거리

원래 있던 40계단은 화재로 사라졌고 지금의 계단은 다시 복원한 것이다. 계단 중간에 있는 '노신사의 동상'은 40계단을 배경으로 만들어진 노래 〈경상도 아가씨〉를 들을 수 있는 스피커가 함께 있어 당시의 정취를 느끼게 해준다. 40계단에는 당시의 생활상을 담은 조형물을 설치해놓은 테마의 거리가 조성되어 있다.

7. 건어물시장

영화 〈친구〉에서 주인공들이 달리기를 하던 곳. 일본식 2층 건물이 독특하다.

1. 초량 외국인거리

부산역을 등지고 서서 오른쪽으로 간다. 지하철역 6번 출구로 들어가 7번 출구로 나온 후 왼쪽의 골목으로 들어가면 외국인거리다.

2. 초량 상해거리

원래는 차이나타운으로 불리던 곳이 부산시와 중국의 상해가 자매결연을 하면서 상해거리로 이름이 바뀌었다. 작은 골목 양쪽으로 중국 음식점이 늘어서 있으며 화교학교도 있다. 매년 10월 상해거리 축제가 열려 거리 곳곳이 붉은 깃발로 물든다.

600m 850m (지하철 정거장) 150m 130m 1km 200m 90m **Start**

6. 지하철 중앙동역

자갈치시장까지 한 정거장으로, 걸어서 1km 남짓한 거리다. 택시를 이용하는 것도 좋겠다. 지하철 자갈치역이 아니라 남포동역 6번 출구로 가야 하는 점을 명심할 것. 6번 출구에서 바로 오른쪽으로 이어지는 골목이 자갈치시장의 시작이다.

8. 자갈치시장 수변공원

자갈치시장 수산물센터 뒤편의 야외 데크. 영도를 잇는 영도대교와 부산대교, 크고 작은 배들이 항구를 오가는 풍경을 볼 수 있는 멋진 공간.

3. 홍성방

물만두로 유명한 집이니 자장면과 함께 드셔보시길.
메뉴 자장면 4,000원, 물만두 5,000원
휴무 설, 추석 명절 당일
문의 전화 (051)467-5398

4. 40계단 문화관

동광동주민센터의 5, 6층이 전시관으로 운영되고 있다. 피난민들이 모여 살던 초량의 이모저모를 전시해놓은 공간. 다양한 사진과 함께 당시의 생활상을 엿볼 수 있는 인형작품과 유물들을 전시하고 있다.
관람 시간 평일 10:00~18:00
　　　　　　주말 10:00~17:00
휴관일 월요일, 공휴일
관람료 무료
문의 전화 (051)600-4041,4042

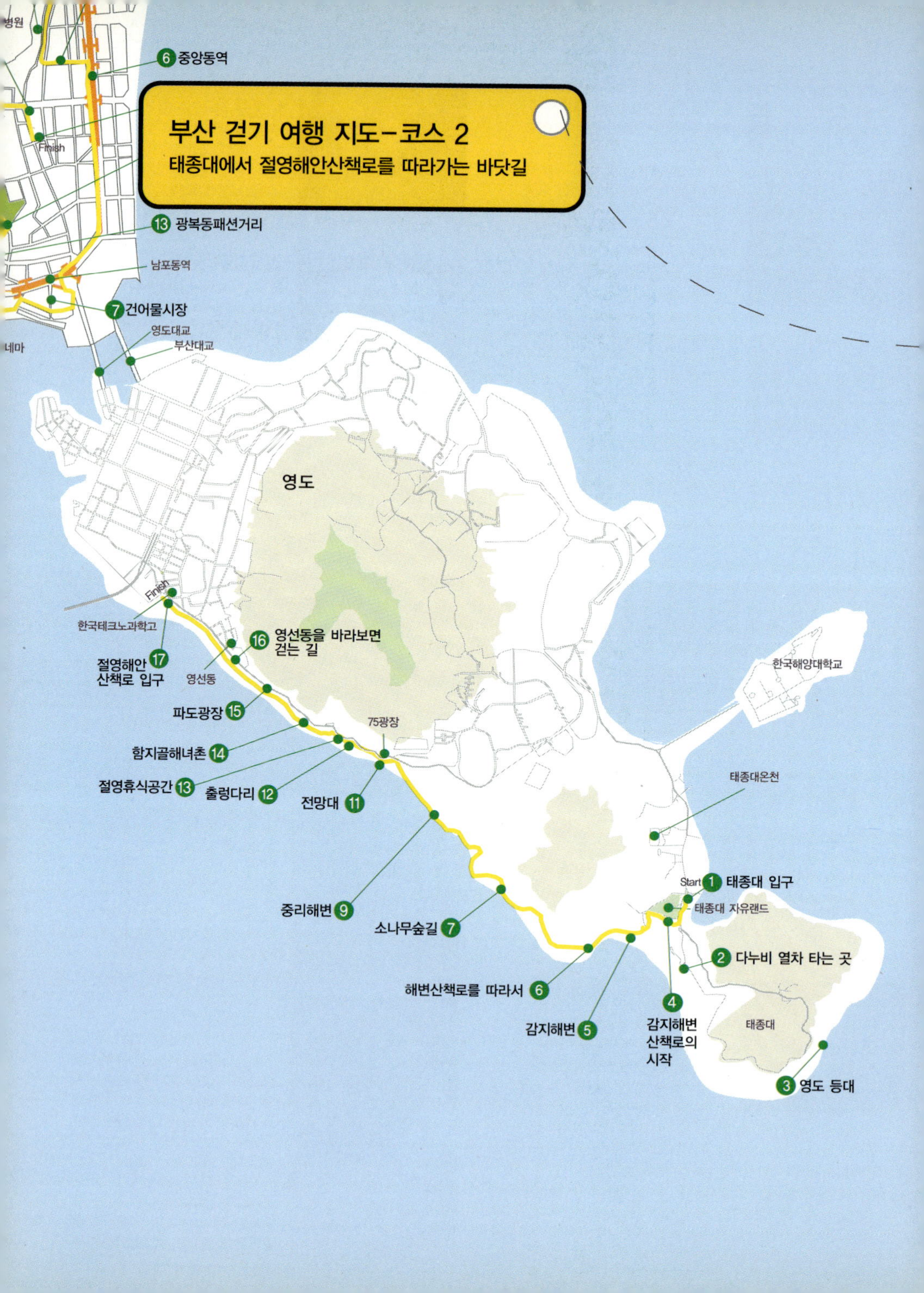

6 중앙동역

13 광복동패션거리

남포동역

7 건어물시장

영도대교

부산대교

네마

Finish

영도

한국테크노과학고

17 절영해안
산책로 입구

영선동

16 영선동을 바라보며
걷는 길

15 파도광장

14 함지골해녀촌

13 절영휴식공간

12 출렁다리

11 전망대

75광장

한국해양대학교

태종대온천

Start 1 태종대 입구

태종대 자유랜드

2 다누비 열차 타는 곳

9 중리해변

7 소나무숲길

4

6 해변산책로를 따라서

5 감지해변

감지해변
산책로의
시작

태종대

3 영도 등대

• **교통편**
  찾아가는 길 : 부산역에서 88번 시내버스를 타고 태종대 앞에서 내린다. 코스 1을 마친 후
  지하철 중앙동역의 버스 정류장에서 88번 버스 탑승, 태종대 앞 하차.
  돌아가는 길 : 한국테크노과학고 버스 정류장에서 남포동으로 나오는 시내버스 7, 9, 70,
  71번 버스를 탄다.

보통은 절영해안산책로에서 시작해 감지해변산책로를 향해 걷지만 우리는
태종대에서 걷기 시작한다.

1. 태종대 입구
신라시대의 태종 무열왕이 경치에 반해 오래 머물렀다고 해서 지어진 이름. 삼면이 바다로 둘러싸여 있고 울창한 소나무숲이 멋지다.
연중무휴
입장료 무료

3. 영도 등대
1906년부터 바다를 지킨 유인 등대. 현재 모습은 2004년에 새로 단장한 것이다. 태종대 앞의 바다 풍광을 제대로 감상할 수 있는 곳으로 전망대와 갤러리, 카페, 미니 도서관 등이 있어 등대를 찾은 여행객에게 다양한 볼거리를 제공한다.

5. 감지해변
몽돌해변을 따라 싱싱한 해산물들을 파는 곳이 늘어서 있다. 주머니 사정에 따라 먹을 수 있다.

7. 소나무숲길
눈부신 바다를 왼편에 두고 걷는 울창한 소나무숲길. 정상에 군사시설이 있어 오랫동안 일반인의 출입이 통제되었던 곳이다.

9. 중리해변
간이식당들이 모여 있는 곳. 화장실과 매점을 이용할 수 있다.

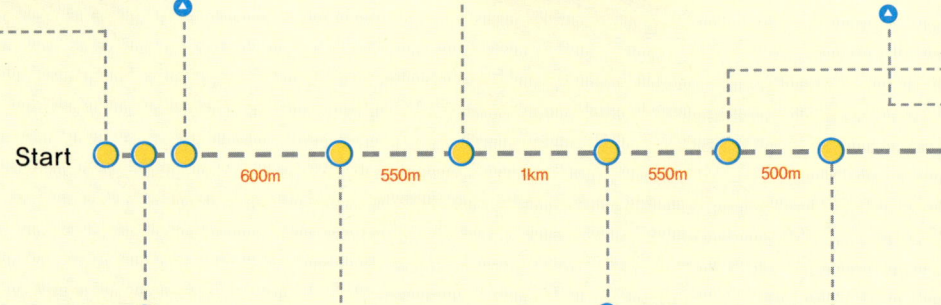

Start

600m 550m 1km 550m 500m

2. 다누비 열차
태종대를 한 바퀴 둘러볼 수 있는 순환열차. 자갈마당, 전망대, 등대 등 원하는 곳에서 내렸다가 뒤에 오는 열차를 다시 이용할 수 있다. 천천히 걸어도 좋지만 아이와 함께 타보는 것도 재미난 추억이 되겠다.
탑승료 어른 1,500원, 어린이 600원
운행 시간 9:30~20:00

4. 감지해변산책로의 시작
태종대를 나와 왼편의 놀이공원을 따라 내려오면 오른쪽으로 해안산책로가 시작된다.

6. 해변산책로를 따라서
언덕을 따라 오르는 조용한 길이다. 왼편으로 야생화 단지가 꾸며져 있어 철따라 피는 들꽃을 찾아보는 재미도 쏠쏠하다. 초입에는 그늘이 없지만 곧 울창한 소나무숲길을 만나게 된다.

8. 삼거리 갈림길
왼쪽으로 가는 길은 가파른 언덕을 내려가야 하는 대신 거리가 짧고, 반대편 승마장으로 가는 산책로는 안전한 대신 중리의 차도로 돌아서 중리해변으로 가게 된다.

11. 전망대
소박한 소망을 돌에 적어 만든 아름다운 전망대. 75광장 표지판을 따라 위쪽의 계단을 올라가면 화장실이 있다.

15. 파도광장
파도처럼 물결치는 가파른 계단에서 내려다보는 바닷가는 마치 둥근 광장 같은 느낌을 준다. 바다가 들려주는 파도의 콘서트를 감상해보자.

13. 절영휴식공간
손바닥만 한 자갈밭이지만 지친 다리를 쉬어가기 딱인 곳. 일요일에만 운영하는 매점에서는 간단한 음료와 과자를 살 수 있다.

17. 절영해안산책로 입구
배 모양의 레스토랑이 보이면 절영해안산책로의 입구다. 쭉 걸어 나와 반도보라 아파트 앞에서 택시를 타고 남포동으로 나온다. 남포동까지 택시요금은 약 3,500원. 한국테크노과학고 버스 정류장에서 남포동으로 나오는 7, 9, 70번 버스를 타도 된다.

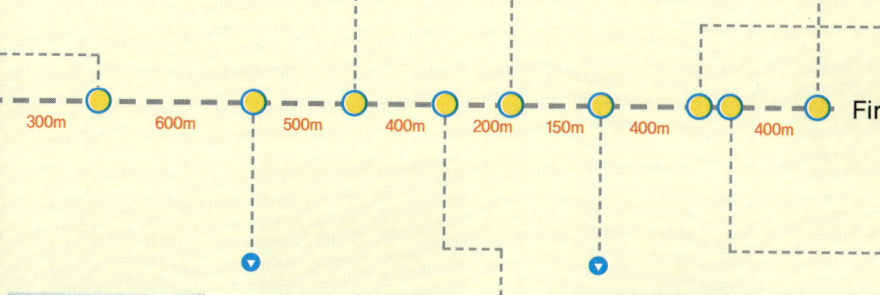

300m   600m   500m   400m   200m   150m   400m   400m   Finish

10. 절영해안산책로의 시작
절영해안산책로와는 대조적으로 바닷가 벼랑을 따라 걷는 길이다. 바위를 따라 오르내리는 재미난 길 바닥을 몽돌로 장식해놓았다.

14. 함지골해녀촌
할머니들이 잡아 올린 해산물을 먹을 수 있는 곳. 삶은 소라 한 접시에 5,000원.

12. 출렁다리
절영해안산책로의 명소인 흔들다리. 파도 소리까지 아찔하게 들린다.

16. 영선동을 바라보며 걷는 길
알록달록한 집들이 바다를 바라보고 앉아 있는 영선동.

부산의 또 다른 걷기 코스

A. 해운대 다르게 보기 –
달맞이고개에서 송정해수욕장까지

걷는 길이 약 5km

찾아가기 : 해운대해수욕장 북단의 미포에서 출발한다. 미포유람선선착장을 향해 백사장을 따라 걷다가 왼편의 달맞이고개를 향해 간다.

1. 달맞이고개의 소나무숲길
꼬마갤러리 카페 맞은편 숲길에 이정표가 있다. 청사포까지 울울창창한 송림을 지나가는 멋진 길이다.

2. 청사포
고기잡이 나간 남편을 기다리다 푸른 뱀이 된 여인의 전설이 깃든 마을이다. 청사포 마을을 가로지르는 동해남부선 기차가 바다를 향해 달려가는 모습은 미야자키 하야오의 애니메이션 〈센과 치이로의 행방불명〉을 떠올리게 한다.

3. 청사포의 맛집–수민이네
조개구이로 이름난 집 사장님의 아들 이름이 수민이다. 처음 이곳에서 장사를 시작했을 때 6살이던 꼬마는 이제 20살 청년이 되었다. 조개구이와 함께 붕장어구이도 별미로 꼽히는데 무엇보다 번개탄 위에서 끓여 먹는 라면이 독특한 메뉴다.
메뉴 조개구이 25,000원, 장어소금구이 25,000원, 해장라면 2,000원
영업 시간 12:00~다음 날 8:00
문의 전화 (051)701-7661

4. 송정해수욕장
부산 사람들은 광안리, 해운대를 지나 송정에서 논다. 데이트 코스로도 유명한 곳. 특히 백사장 위쪽의 도로변을 따라 늘어선 테이크아웃 커피숍들이 송정의 명물로 꼽힌다. 향기 가득한 커피 한 잔을 들고 백사장을 거닐면서 한적한 바다 향기에 취해보자.

B. 걷기에 지쳤다면 180번 버스를 타자
찾아가기 : 부산 지하철 2호선 장산역 탑 마트 앞에서 180번 버스 승차
배차 간격 매시 55분
첫차 5:00, **막차** 22:00
버스 요금 어른 1,000원, 어린이 500원, 미취학 아동 무료

1. 바다를 끼고 달리는 180번 버스
송정을 지나 기장시장을 거쳐 일광해수욕장을 지나, 신평, 칠암, 동백 등 이름도 예쁜 바닷가 마을을 지나 버스가 달린다. 시내버스를 타고 다녀오는 바다기행 코스다.

2. 기장시장
대게로 유명한 시장. 인근 주민들이 재배한 부성귀와 기장미역, 각종 해산물 등을 저렴하게 살 수 있다. 크지는 않지만 부산의 주부들이 장 보러 올 정도로 싱싱함을 자랑하는 시장이다. 대게를 파는 매장에서는 식당도 겸하고 있어 직접 고른 대게를 그 자리에서 쪄서 먹기 좋도록 손질해준다. 대게는 시세에 따라 다르지만 25,000원에서 30,000원 정도면 어른 2명이 배부르게 먹을 수 있다.

3. 칠암포
바닷장어인 붕장어구이집들이 늘어선 포구. 칠암을 지나며 버스는 시원스레 뻗은 해송 숲 사이로 달리기 시작한다.

4. 기장도예관
임진왜란 때 일본으로 끌려가는 도공들이 기장에 머무르게 되었고, 조선시대 도자기법을 이어받은 일본 도예의 뿌리를 찾다 보면 기장에 다다른다고. 도예관에서 따스한 차 한 잔 마시며 진하해변을 산책해보자.

5. 월내역
180번 버스는 여기서 회차해서 다시 해운대로 간다. 기차 시간을 확인해보고 부산으로 가는 동해남부선 열차를 타자. 버스를 타고 오면서 부러워했던 기차여행을 할 수 있는 기회다. 해운대해수욕장 입구의 해운대역, 부산 중심가인 서면에서 가까운 부전역에서 내릴 수 있고 종착역은 구포역이다.

C. 부산의 역사가 숨 쉬는 길 – 동래읍성

걷는 길이 약 5km

찾아가기 : 부산 지하철 1호선 동래역 4번 출구로 나와 부산 지방 기상청을 향해 걷는다. 기상청 왼편 길로 쭉 올라와 복산동 주민자치센터를 향해 간다. 복천박물관(부산시립박물관 복천분관) 이정표를 따라가면 박물관 왼편으로 동래읍성 오르는 언덕길이 보인다.

D. 부산 시민의 염원이 담긴 민주공원으로 가는 길 – 초량

걷는 길이 약 2km

찾아가기 : 지하철 1호선 초량역 1번 출구. 부산고등학교 이정표를 따라 걷는다. 부산고등학교 정문을 마주 보고 왼쪽의 부산컴퓨터과학고등학교를 향해 걷다가 산 밑 도로를 만나면 왼쪽으로 약 1km 지점에 민주공원 정문이 있다.

1. 동래읍성

지금은 부산시의 한 구에 속해 있지만 동래는 1900년대 이전까지 부산 지역의 중심이었다. 구한말, 부산포에 왜관이 설치되고 일본과의 상거래가 활발해지면서 부산의 중심이 부산포로 옮겨지기 전까지 동래는 경상남도의 해안을 철통같이 지키는 방어기지였다. 장대와 포루 등 읍성으로서의 면모는 복원된 모습을 통해서만 알 수 있지만 읍성을 따라 걷다 보면 이끼 낀 성벽의 흔적들을 곳곳에서 만날 수 있다.

2. 복천동 고분군

1969년 발굴이 시작되어 1998년까지 모두 169기의 고분이 발굴된 삼한시대의 유적지. 기원전 1세기를 전후로 발달된 철기문명이 동래 지역을 중심으로 번성했음을 알 수 있다. 발굴 당시의 모습을 살펴볼 수 있도록 고분의 배치에 따라 회양목을 심어 표시를 해놓았다.

3. 부산시립박물관 복천분관

복천동 고분군에서 출토된 유물을 비롯해 선사시대부터 청동기시대를 지나 철기시대에 이르기까지 고분들의 특징을 설명해주는 그림과 모형들, 다양한 유물들이 전시되어 있다.

관람 시간 9:00~18:00
휴관일 1월 1일, 매주 월요일(월요일이 공휴일인 경우 화요일)
관람료 어른 500원, 어린이 무료(매주 토요일은 모든 관람객 무료)
문의 전화 (051)554-4263,4264

4. 동래파전–동래할매파전

동래파전은 동래온천과 함께 동래를 상징하는 명물. 함께 나눠 먹기를 즐기는 우리 민족의 품성이 그대로 드러나는 음식 중 하나가 두툼하고 커다란 동래파전이다. 해물과 고기와 파가 어우러지는 맛은 피자와는 비교할 수 없는 부드러운 식감이다. 그중에서도 동래할매파전은 며느리 4대가 손맛을 이어오는 집. 한정식집 못지않은 세련된 분위기의 식당이다. 파전을 시키면 다양한 밑반찬들이 함께 나온다.

메뉴 동래파전 소자 18,000원, 대자 25,000원
영업 시간 12:00~22:00 **휴무** 설, 추석 명절 당일
문의 전화 (051)552-0791

1. 민주공원

1960년대 이후 부산 지역 민주화 투쟁의 역사가 고스란히 담긴 공간. 특히 부산 시민들의 힘으로 만들어낸 공간이라 그 의미가 각별하다. 1960년의 4 · 19혁명과 1979년 부마민주항쟁 그리고 1986년의 6월 항쟁까지 부산 시민들이 어떻게 민주화 투쟁을 이끌었는지를 기록한 전시실과 다양한 이벤트가 열리는 야외공연장, 수목원과 함께 다양한 테마가 담긴 휴게 공간으로 이루어진 공원이다.

상시전시실 관람료 어른 200원, 어린이 무료

2. 중앙공원

민주공원과 마주 보고 있는 공원. 나라를 위해 목숨을 바친 호국 영령들의 넋을 기리는 70m 높이의 충혼탑을 비롯해 해군 승전탑, 야외조각공원, 벚꽃단지와 체육공원이 있다.

3. 초량동의 풍경

민주공원으로 가는 길에서는 피난민들이 모여 살았던 초량동 일대의 풍경이 한눈에 내려다보인다. 부산항을 내려다보며 오밀조밀 붙어 있는 집들이 정겹다.

4. 초량돼지갈비 골목

초량동 시장 부근의 돼지갈비 골목은 십자 모양의 좁은 골목 양편으로 20여 개 돼지갈비 집들이 모여 있다. 부산 시민들의 기억 속에 이 골목은 최고의 가족외식 장소다. 아버지의 월급날, 입학식, 졸업식 날 먹었던 달짝지근한 돼지갈비 맛을 잊지 못해 지금도 이곳을 찾는 사람들의 발길이 끊이지 않는다. 그중 은하갈비와 남해집이 유명하다. 메뉴의 가격과 휴무일은 모든 식당이 동일하다.

메뉴 돼지갈비 1인분 5,000원
휴무 매월 둘째 주 화요일

2장
행복한 강행군

이 마을에서 저 마을로 가는 길
바다와 바다를 따라가는 길

국경을 넘어 산을 오르는 길
사막을 건너 초원으로 가는 길

엄마의 마음에서 아이의 마음까지 가는 길
아이의 작고 귀여운 발바닥에서 우렁차게 뛰는 심장까지 가는 길

지구를 열두 바퀴 돌고 반 바퀴를 더 돌아도
행복할 수밖에 없는 길

1. 마음을 둘러보는 소박함
지리산 둘레길

마음을 둘러보는 지리산 둘레길

"몬테카를로에도 가봤고 그리스의 섬에도 가봤고 천국에도 가봤지만 정작 내 마음에는 가본 적 없네."

내 성격과 똑 닮은 아들 녀석과 지리산 둘레길을 걸을 때, 머릿속에서 끊임없이 맴돌았던 〈I've never been to me〉라는 팝송의 일부이다. 먹이고 입히는 것만 잘 챙겨주면 아이 스스로의 힘으로 큰다고 믿으며 엄마 노릇을 하고 있지만 아이의 마음과 내 마음이 부딪치는 일에는 늘 흥분하고 서툴고 어리석다. 나를 닮은 아이의 마음을 아는 일은 쉬울 것 같지만 어렵기도 하다. 나도 내 마음을 잘 모르는데 아이의 마음까지?

그래서 세상의 온갖 즐거움을 맛보고 천국까지도 갔지만 내 마음에는 가본 적이 없다고 덤덤하게 읊조리는 노래는 지리산길을 걷는 내

내 나에게 위안이 되었다. 그리고 나와 아이가 걷는 길이 어디에 가 닿아야 하는지를 알려주는 확실한 나침반이 되어주었다.

자, 마음을 만나러 가는 거야.

지리산 둘레길

북쪽의 백두산에서 출발하여 한반도의 등허리를 따라 쭉 내려오면, 마치 몸뚱이를 떠받치듯 남녘땅에 동서로 길게 누운 산이 지리산이다. 1,915m의 천왕봉을 최고봉으로 1,751m의 반야봉, 1,507m의 노고단을 비롯해 1,500m가 넘는 20개의 봉우리들이 전라북도의 남원, 전라남도의 구례, 경상남도의 하동과 산청, 함양에 걸쳐 병풍처럼 서 있는 모습은 민족의 영산(靈山)이라는 칭호가 아깝지 않을 만큼 장엄하다. 그 준령들 사이로 흘러내린 계곡물이 강을 이루고 그 강을 따라 옹기종기 마을이 자리 잡았으니, 산자락과 마을을 잇고 마을과 마을을 이은 길이 바로 지리산 둘레길이다. 지리산의 주능선 거리는 100리, 40여 km. 둥글게 원을 그리며 이어지는 둘레 거리는 800리, 320여 km.

신라시대에는 정상인 천왕봉에서 천신제를 올렸고 화랑이 수련을

했으며, 한 시대를 풍미했던 인물들이 머물며 그 흔적을 남겼고, 가깝게는 이념 대립의 희생양이 되어 수많은 생명이 목숨을 잃었던 가슴 아픈 역사의 현장인 지리산은 스페인의 산티아고 순례길이 부럽지 않을 우리 민족의 순례길이다.

2009년 9월 현재, 전라북도 남원의 주천, 운봉, 인월과 경상남도 함양에 이르는 지리산 자락 북쪽의 50여 km가 연결되었고, 2011년까지 구례, 하동, 산청의 남쪽 길이 모두 연결될 예정이다. 아쉬운 대로 처음 열린 길을 걷기 위해 많은 사람들이 지리산 자락으로 모이고 있다.

인월에서 매동마을까지

인월버스터미널에서 나와 지리산길 안내 센터로 가는 동안 아이는 걱정스럽다는 듯 연신 질문을 쏟아낸다. 출발하기도 전에 배낭과 등 사이의 셔츠는 땀으로 젖었고 구름을 뚫고 내려오는 자외선에 얼굴은 붉게 달아올랐다.

"엄마, 진짜로 하루 종일 걸어야 돼?" "음료수 파는 가게는 있어?" "걷는 사람들 많아?" "다 못 걸으면 밤에도 걷는 거야?"

지리산 둘레길을 둘이서 오붓하게 걸을 생각으로 출발한 엄마의 마음이 벌써 지친다. 대답하는 음성에 짜증이 섞이자 아이는 대번 얼굴을 찡그린다.

"그냥 물어본 거잖아!"

엄마와 지리산길을 걷는다는 사실 외에 아무 정보가 없는 아이에게는 궁금한 점이 많기도 할 것이다.

지리산길 안내 센터에서 지도를 받아 매동마을을 향해 걷기 시작한다. 우리가 걸을 코스는 전북 남원의 인월에서 출발하여 동쪽으로 방향을 잡아 경남 함양 땅에 이르는 길이다.

20대 중반에 지리산을 종주했던 기억은 가물가물하고, 성삼재로 오르는 드라이브 코스, 성삼재에서 1시간이면 닿는 노고단의 산장, 달궁계곡의 야영장이 근래에 만난 지리산의 전부이니, 지리산의 북쪽은 낯설기만 하다. 그저 평범한 시골길을 걷는 기분이다. 중군마을로 들어선 후, 마을 언저리를 지나자 산허리에 기대어 걷는 길이 이어진다.

쉬었다 가자고 조르는 아이를 달래며 한참을 걸었지만 마땅히 쉬어갈 곳이 없다. 길가의 소나무 그늘 아래에 앉아 김밥 한 줄을 나눠 먹으니, 지쳐 있던 아이의 얼굴에 생기가 돈다. 배낭의 무게를 생각해 간식거리를 충분히 준비하지 못한 것이 후회스럽다. 먹고 돌아서면 또 먹을거리를 찾는 아이가 아닌가.

황매암으로 오르는 가파른 길을 포기하고 평탄해 보이는 길로 들어섰지만 백련사 이정표를 보자 또다시 난감하다. 백련사를 보고 다시 내려와야 하기 때문이다.

"엄마, 빨간 화살표는 이쪽인데!"

"백련사에 올라가 보려고."

"그럼, 다시 내려와야 돼?"

"힘들면 너는 여기서 기다려. 엄마 혼자 갔다 올게."

볼이 부어오른 아이는 한참을 뒤처져 백련사까지 걷는다. 대웅전 앞 마당에서 지리산을 조망하고 산에서 흘러내린 물을 생수병에 받아 다시 지리산길로 내려가는 아이의 얼굴이 가볍다. 내리막길은 마술처럼 짧은 탓이다. 키도 덩치도 나만큼이나 큰 13살 소년의 정신 연령은 7살 꼬맹이와 다르지 않다.

날개를 단 듯 백련사에서 내려와 수성대 숲길로 들어선다. 원시림처럼 깊은 계곡을 만나자 아이의 발걸음이 훨씬 가벼워진다. 발등을 조이던 신발을 벗고 차가운 계곡물에 세수를 하고 나자 꽃미남이 따로 없다.

배가 넘어 다녔다는 전설이 깃든 배넘이재를 흥겹게 넘어 장항마을에 도착한 우리를 맞아준 사람은 쉼터에서 부침개를 파는 할머니. 다짜고짜 새끼손가락만 한 풋고추를 먹어보라고 성화시다.

"하나도 안 매워. 묵어봐. 된장도 내가 담근 건디……."

장항마을에 사시는 할머니는 닷새 전부터 이곳에 자리를 잡고 부침개에 동동주, 컵라면 장사를 시작하셨단다. 부침개에 동동주를 시켜 먹으려는데 뒤에서 따라오셨던 아주머니가 도시락으로 싸오신 밥 한 그릇을 건네주신다. 부침개에 풋고추를 반찬 삼아 밥상을 받은 아이 곁으로 할머니도 자리를 잡으신다.

"내도 밥 좀 묵어야겠다."

아이에게 다시 풋고추를 권하시며 식은 밥에 물 말아 드시는 모습이 할머니와 친손자처럼 정겨워 보여 사진 한 장 찍으며 귀띔도 해 드렸다.

"할머니, 컵라면 말고 진짜 라면 끓여서 팔면 겁나게 장사 잘 될 거예요."

장항교를 건너 매동마을로 향할 때 아이에게 물었다.

"풋고추 진짜 안 매웠어?"

"응. 좀 맵기는 한데 아삭아삭 맛있었어."

그래, 걷는 여행은 매운 음식을 먹는 것처럼 괴롭기도 하지만 중독성도 강하단다.

매동마을에서 금계마을까지

매동마을에서 상황마을로 가는 길은 그늘 깊은 산길이다. 오르락내리락 걸으며 360m에서 500m까지 고도를 높이면 상황마을로 내려서는 지점이 나온다.

산길을 오르며 물배를 채운 아이는 상황마을 다랭이쉼터 할머니가
권하시는 밤꿀차를 마시고도 탄산음료 한 병을 또 챙긴다. 목이 타
는 모양이다. 하긴 흘린 땀의 양도 만만찮다.

다랭이논 길을 따라 또다시 오르막길이 나오자 아이는 한숨까지 내
쉰다.

"남해 가서 바닷가의 다랭이논 본 거 기억나지? 이렇게 산골짜기에
논을 만들려면 얼마나 힘들었을까?"

아이는 진지한 엄마의 설명도 흘려듣는다.

"우리 그냥 저 아래로 내려가서 버스 타면 안 돼? 이렇게 힘든데 왜

걸어야 되는 거냐고?”

지친 아이를 어르고 달래며 걷던 나는, 버스 타자는 그 한마디에 주저앉고 싶어진다. 힘들어서가 아니다.

기저귀도 떼기 전, 배 속에서부터 여행을 한 아이. 학교 수업을 빼먹고 산으로 들로 다닌 아이. 씩씩한 줄로 믿고 있었던 아이의 입에서 부정적인 얘기가 나오자 마음 한구석이 와르르 무너진다. 그러나 아무 말도 하지 않는다. 그냥 앞서 걷기만 한다. 다랭이논 끝자락 어딘가에 오늘 코스의 최대 고비인 등구재가 기다리고 있다. 우리 둘 다 무사히, 누구도 상처받지 않고 저 고개를 넘을 수 있을까? 지친 아이와 좌절감에 사로잡힌 엄마. 이대로 둘이 끌어안고 다랭이논 아래로 굴러 떨어질지도 모르겠다.

그래도 걷는다. 아이는 잡고 있던 내 손에서 빠져나가 자꾸만 뒤로 처진다.

“엄마 손을 잡고 가면 힘이 나는 것 같아.”

뒤처진 아이를 기다렸다가 손을 잡아주기를 반복했지만 결국에는 맨바닥에 주저앉고 만다.

내게서 등을 보이고 천왕봉을 바라보며 앉아 있는 아이를 안타깝게 지켜보다가 나도 그 자리에 철퍼덕 앉아버렸다. 그래, 열 걸음 걷고 한 번 쉬더라도, 해지기 전 등구재를 못 넘어도 더 이상 아이를 재촉하지 말자. 걷기 위해 걷는 길이 아니다. 아이와 다투려고 시작한 걸음이 아니다. 어깨에서 배낭을 내리고 아예 드러누우려는데 아이가 엉덩이를 툴툴 털며 일어선다.

"엄마, 가자."

몸을 돌리는 아이의 얼굴이 달라져 있다. 지쳐 있던 좀 전의 얼굴이 아니다. 단잠을 자고 난 듯 말간 얼굴. 이제 막 걷기를 시작하는, 힘찬 얼굴이다. 내게 등을 보이고 앉아 있던 짧은 시간 동안 아이의 마음에 무슨 일이 있었던 걸까? 지리산 천왕봉의 기운이 아이에게 전해진 걸까?

아이는 이제 나를 지나쳐 앞서 걷는다. 다랭이논을 가로질러 마주 걸어오는 여행객들에게 씩씩한 목소리로 인사도 건넨다. 아이에게 좌절했던 엄마의 마음은 흰 구름처럼 다시 부풀어 오른다.

산길에서 주운 지팡이 나무를 흔들며 아이는 등구재를 오른다. 이제 곧 해가 질 테니 어두운 산길을 걸어야 할지도 모른다. 그러나 나는 해 지는 것이 두렵지 않다.

등구재를 넘어 창원마을에 도착하자, 날이 저물었다. 원래는 금계마을까지 가야 했으나 너무 늦어버렸다. 내일 다시 창원마을에서부터 걸으면 된다. 문제없다. 아니, 걷지 않아도 좋다. 지리산 둘레길 옆의 60번 지방도를 오가는 버스를 타고 버스 여행을 해도 좋겠다. 계획했던 지점까지 걷지 못했으나 마치 지리산 둘레길 800리를 모두 걸은 듯 뿌듯하다.

지리산 둘레길에서 만난 가장 멋진 순간은 지친 아이가 길바닥에 주저앉았다가 엉덩이를 툭툭 털며 "엄마, 가자" 하고 나를 향해 일어서던 때였다. 그 순간, 나는 무한정 너그럽고 긍정적인 엄마가 되었다. 물론 지금은 약효가 떨어져 원래의 빵점짜리 엄마가 되었지만 언제든 다시 길에 나서면 숨겨져 있던 훌륭한 내 모성이 나타나주지 않겠나.

지리산 둘레길 걷기 여행 지도

일정잡기
1일차 집에서 출발-남원 도착 -1박(남원)
2일차 남원에서 인월로 이동-지리산길 안내센터 앞에서 걷기 시작-2박(매동마을)
3일차 매동마을에서 걷기 시작-3박 창원마을 or 금계마을

추천 숙소
1.남원 찜질방-녹주찜질방
남원은 관광지라 모텔급의 숙박시설은 많지만 가족여행객에게는 적당하지 않다. 남원시외버스터미널 근처에 있는 녹주찜질방은 시설도 깨끗하고 남녀수면실이 잘 갖추어져 있다.

2.마을 민박
코스 1 매동마을 이장님 010-6742-3767
코스 2 창원마을 이장님 011-9629-9677

3.길 위의 숙소
코스2의 시작지점

전망 좋은 민박집
너른 마당에서 천왕봉을 바라보는 전망이 멋진 민박집. 매동마을에서 상황마을로 가는 길 초입의 소나무 숲 속에 있다. 방 3개 50,000원. 1인당 만원선.
전화번호 이청우 011-656-3210 063)636-3217

코스2 창원마을길

지리산 롯지
게스트하우스형식으로 운영되는 곳. 폐교된 등구초등학교를 리모델링해서 숙소와 샤워실, 식당을 갖추어 놓았다. 1인당 15,000원. 4인가족 1실 이용시 4만원. 픽업서비스도 가능하고 취사시설을 이용할 수도 있다. 숙소에서 제공하는 식사는 5,000원.
전화번호 055-963-9788 011-519-3227

코스2 금계마을길

나마스테
민박집이라 여행객을 배려한 공간은 아니지만 주인 가족과 함께 어울려 밥 먹고 차 마시는 조용한 분위기를 즐길 수 있다. 2층의 다락방이 손님방. 천왕봉을 바라보는 언덕에 자리 잡고 있어 테라스에 앉아 커피 한 잔 마시며 지리산의 품에 안겨보는 맛이 일품이다.
2~3인용 다락방 3만원(여름 성수기 4만원) 식사 5,000원

교통편
서울에서 남원까지
기차 전라선 새마을호와 무궁화호 이용-남원 도착
고속버스 강남고속버스터미널에서 남원행 고속버스 이용
동서울터미널에서 남원시 인월면까지 직행버스 이용 가능(오전 8시20분 첫차. 하루 8대만 운행하므로 예약 필수)

남원에서 인월까지
남원시외버스터미널에서 인월행 버스 승차. 약 50분 소요.
오전 6시 첫차 / 오후 8시50분 막차(약 30분 간격으로 배차)

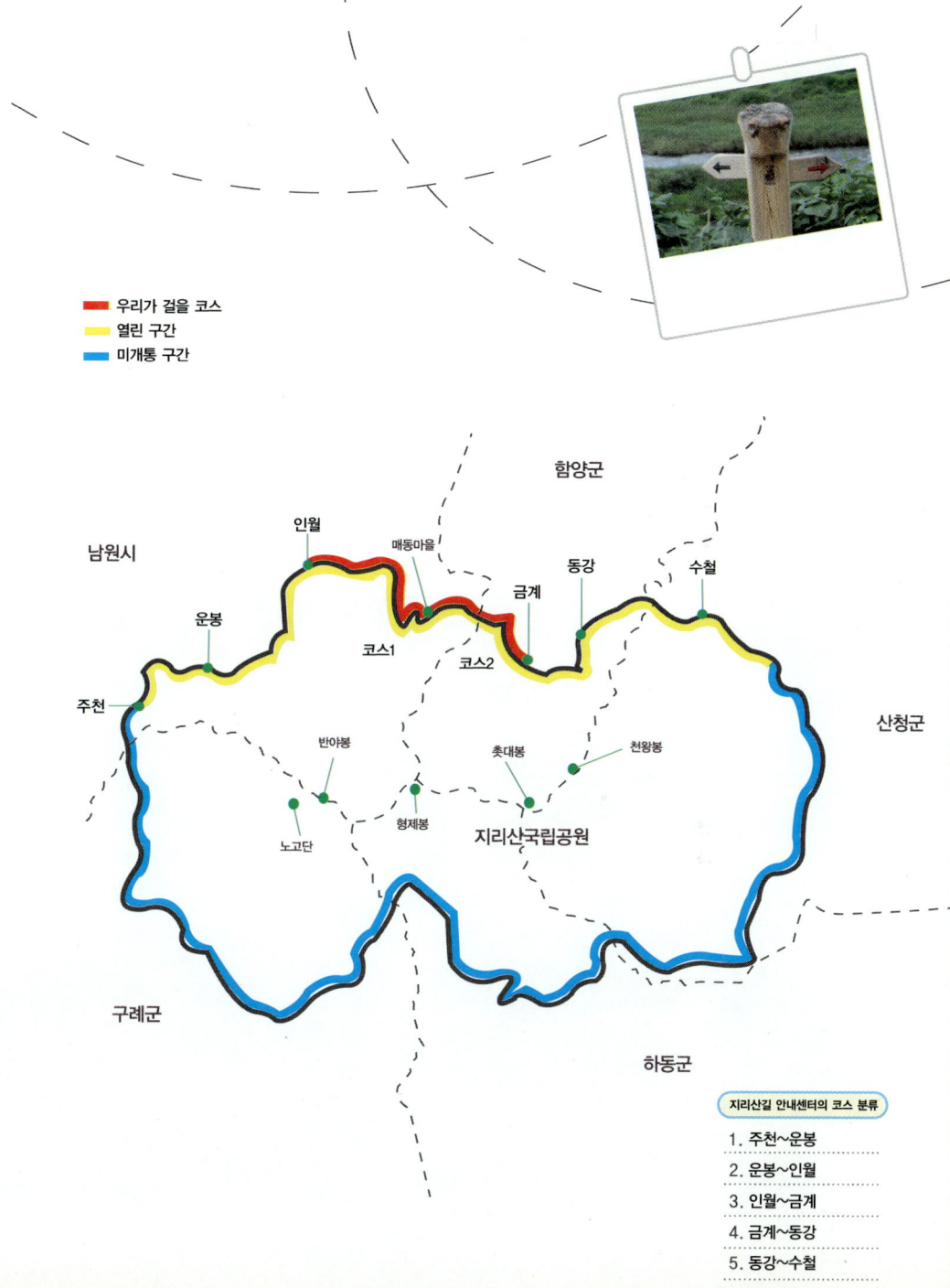

우리가 걸을 코스
열린 구간
미개통 구간

함양군

남원시

인월
운봉
매동마을
금계
동강
수철

주천
코스1
코스2

반야봉
촛대봉
천왕봉

노고단
형제봉
지리산국립공원

산청군

구례군

하동군

지리산길 안내센터의 코스 분류

1. 주천~운봉
2. 운봉~인월
3. 인월~금계
4. 금계~동강
5. 동강~수철

함양 →

인월

인월버스터미널 ①

② 지리산길 안내센터

구인월교

③ 광천 둑방길

④ 중군마을

원, 운봉 →

⑤ 황매암으로 오르는
삼거리

⑦ 수성대

⑥ 백련사

⑧ 배넘이재

금계마을로 가는 길

주유소

⑫ 매동마을

⑪ 장항교

⑩ 장항마을 쉼터

⑨ 장항마을
당산나무

1. 인월버스터미널에서 나와
남원에서 운봉/인월행 버스를 타고 인월버스터미널에서 내리면 터미널을 등지고 왼쪽으로 걷는다. 인월사거리에서 지리산/실상사 방향 이정표를 따라 오른쪽으로 걸으면 지리산길 안내센터플래카드가 보인다.

5. 황매암으로 오르는 삼거리
가파른 산길을 따라 가는 길, 지리산의 주능선을 감상 할 수 있고 백련사 방향으로 가는 길 과 다시 만나게 된다.

3. 광천 둑방길을 따라서
지리산길 안내센터에서 나와 오른쪽으로 걸으면 구인월교를 만난다. 다리를 건너자마자 왼쪽의 둑방길을 따라 걷기를 시작한다.

Start

500m   400m   1.6km   1km   1.5km

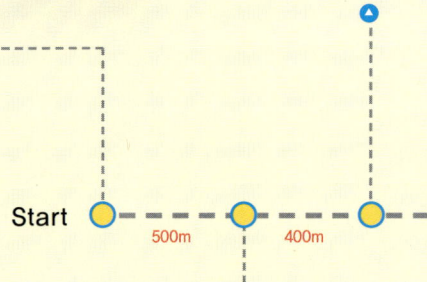

2. 지리산길 안내센터
안내센터에서는 각 구간별 상세지도를 나눠주고 걷기에 도움이 되는 다양한 정보를 제공한다. 전체 코스 중에서 안내센터는 인월에만 있으니 꼭 들렀다 가도록 하자.

6. 백련사
콘크리트 포장길을 1km 정도 걸어 올라가야 하는 곳이지만 사찰 마당에 서면 지리산 자락에 안겨있는 마을과 길들이 한 눈에 들어와 힘겹게 올라 온 수고를 보상해 준다.
올라갔다가 다시 내려와야 하는 곳이니 아이의 컨디션을 잘 살펴서 들를지 말지를 결정하자.

4. 중군마을
인월에서 매동까지 가는 코스에서 처음으로 만나는 마을이다. 마을 주민들과 인사하며 더덕밭, 고사리밭을 지나가는 길이다.

7. 수성대
이제 이정표는 숲으로 이어진다. 중근마을의 식수로도 쓰이는 곳이니 조심해서 지나자.

11. 장항교
인월을 출발할 때 걸었던 둑방길 옆의 광천을 다시 만난다. 장항교를 건너 지리산둘레길 이정표를 지나쳐 오일뱅크 주유소를 지나 쭉 걸으면 매동마을이다.

9. 장항마을 당산나무
400년 넘는 수령을 가진 소나무. 마을 당산나무이기도 하다.

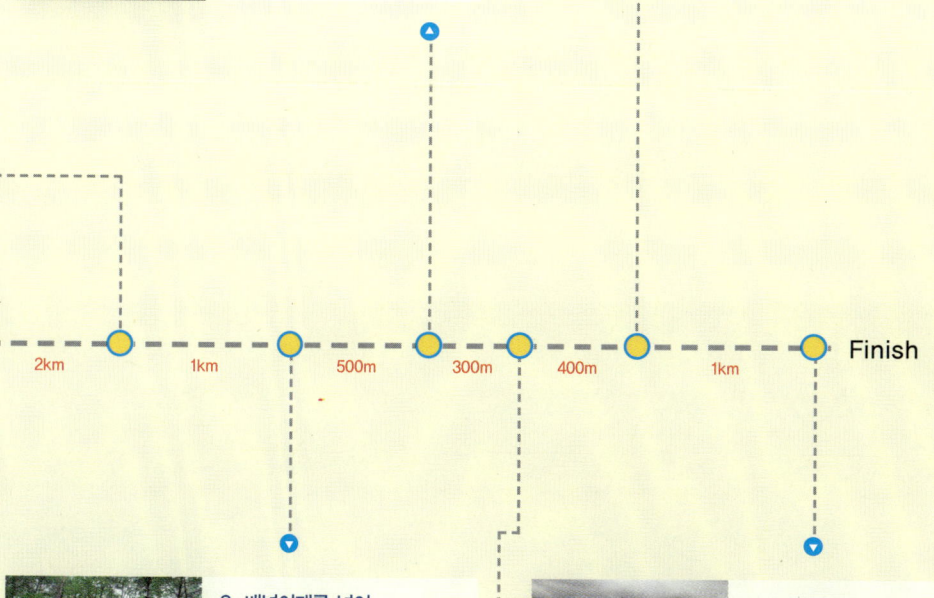

| 2km | 1km | 500m | 300m | 400m | 1km | Finish |

8. 배넘이재를 넘어
먼 옛날 배가 넘어 다녔다는 전설을 간직한 고개. 초록의 숲길이 이어지는 곳이다.

10. 장항마을 쉼터
쉬어 갈 수 있는 벤치가 마련된 쉼터. 장항마을에 사시는 할머니가 부침개에 동동주, 컵라면 등을 팔고 계신다. 직접 기른 풋고추 안주가 할머니의 큰 자랑이다.
부침개 5,000원 동동주 5,000원 컵라면 2,000원

12. 매동마을
옛날 노승이 마을의 지세를 보고 매화를 닮았다고 해서 이름 붙여진 마을이다. 판소리 여섯마당 중 가루지기전에 나오는 변강쇠와 옥녀가 살았다고 알려지기도 했다. 농촌체험마을로 지정되어 있어 다양한 농사체험과 전통문화체험도 하면서 아이와 함께 머물기에 좋은 마을이다.
숙박료 4인 기준 3~4만원. 미리 말하면 1인당 5,000원에 아침 식사도 할 수 있다.
매동마을 홈페이지 www.maedong.org

7 등구재 오르는 길

전망 좋은 민박집
2
5 다랭이 쉼터

숲길을 따라
8 등구재

창원마을을
향해 내려가는 길
9

지리산롯지
11

1 매동마을에서
다시 둘레길로

금계마을로
가는 길

3
서진암
삼거리

6 상황마을
다랭이논

10
창원마을

12 금계마을을 향해
가는 길

매동마을

장항교

14 금계마을
나마스테

실상사

금계마을 13

동강마을로
가는 길

마천

Finish

Inform

1. 매동마을에서 다시 둘레길로
마을 뒤의 과수원길을 지나 상황마을로 향하는 길이다.

3. 삼거리 쉼터
서진암으로 오르는 등산로와 만나는 길. 쉼터가 마련되어 있다.

5. 다랭이 쉼터
산길을 내려와 만나는 반가운 간이매점. 산채비빔밥과 라면 등 식사도 할 수 있다. 지리산 밤꿀차 한잔에 갈증도 사라진다.

7. 등구재 오르는 길
다랭이논 사이로 난 콘크리트 포장도로를 힘겹게 걷다 뒤를 돌아보면 머리 위로 천왕봉이 내려다보고 있다.

Start ◯ --- 1.5km --- ◯ --- 1km --- ◯ --- 1.5km --- ◯ --- 1km --- ◯ --- 1km --- ◯ --- 1km --- ◯ --- 500m

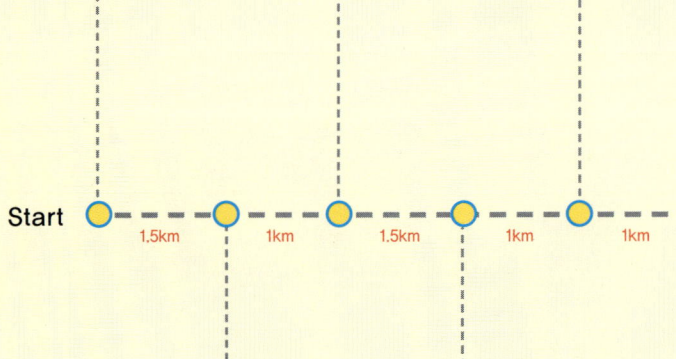

2. 전망 좋은 민박집
자세한 안내는 지도 228p에

4. 숲길을 따라
울창한 숲을 지나며 오르락내리락 걷는 산길이다.

6. 상황마을 다랭이논
지리산 둘레길을 걷는 도중 만나게 되는 멋진 풍광. 한편으로는 산비탈까지 논밭으로 일궈내야 했던 삶의 고달픔이 느껴지기도 하는 곳.

9. 창원마을을 향해 내려가는 길
등구재를 내려오면 창원마을 뒤편 다랭이논이다. 옻나무를 재배하는 곳도 있으니 조심하자.

11. 지리산롯지
게스트하우스. 자세한 설명은 지도 228p에

13. 금계마을
천왕봉을 마주보는 언덕에 위치한 마을. 코스2의 마무리 지점이다. 마을길을 내려가면 인월이나 세동마을로 가는 버스를 탈 수 있다.

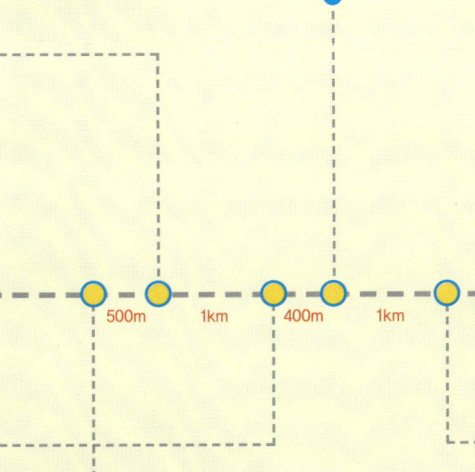

| 500m | 1km | 400m | 1km | | 1km | | Finish |

8. 등구재
거북이 등을 닮았다고 해서 이름 붙여진 이 고개는 전라북도 남원과 경상남도 함양을 가르는 경계선이 되기도 한다. 오르막길은 전라북도, 내리막길에 들어서면 경상남도라고 아이에게 설명해주자.

10. 창원마을
도로에서 멀찌감치 떨어져 자리 잡은 마을. 경로회관을 개조한 민박시설과 민박집들이 있다. 숙박료는 2만원~3만원. 식사 5,000원

12. 금계마을을 향해 가는 길
다랭이논을 지나 다시 숲길로 들어선다. 금계마을까지는 제법 긴 숲 길을 걸어야 한다.

14. 금계마을 나마스테
힌두어로 '안녕하세요' 라는 인사, 나마스테라는 이름의 민박집 . 자세한 설명은 지도 228p에

3부 한 걸음 또 한 걸음에 생각이 자란다

2. 나눔의 길

제주 올레길

아름다운 길을 걷는 꿈

'한국의 아름다운 길 100선'을 보면 넓지 않은 우리나라에 이렇게 멋진 길들이 많이 있었나 싶다. 몇 군데를 빼고 모두 가보기는 했지만 걸어서 간 곳보다 차를 타고 간 곳이 더 많다. 실제로 그 길들은 대부분 드라이브 코스로 유명해서 차를 타고 가며 휘리릭 지나치기만 했던 길이다.

2006년 가을, 무식한 크기의 배낭을 메고 전국을 걸으며 사람의 길은 없고 차들의 길만 있음을 절절하게 느꼈다. 북한강을 거슬러, 섬진강을 따라 걷는 열흘 동안 흙을 밟은 것은 섬진강변 일부 구간뿐이었다. 시꺼멓게 독기 어린 아스팔트를 따라, 등 뒤로 달려오는 차량의 소음에 순간순간 긴장하며 걷는 것은 여행이라기보다 극기훈

련에 가까웠다. 걷기의 즐거움을 오래 누리기 위해 국도 변을 따라 걸었기 때문이다.

폭신폭신한 흙길을 하루 종일 걸었으면 좋겠다는 새로운 꿈을 꾸며 여행에서 돌아온 어느 날. TV 프로그램에서 소개된 스페인의 '산티 아고 순례길'은 내가 품은 새로운 꿈과 딱 맞아떨어지는 곳이었다. 그러나 한 번도 가보지 않은 유럽은 너무나 멀고, 3년짜리 적금이라 도 부어야 마련될 여행경비와 한 달이 넘는 여정에 풀이 꺾이고 말 았다.

'10년 후에는 가능할까? 그때까지 다리에 힘은 남아 있을까?'

제주 올레길에 대한 궁금증

'문(門)'을 뜻하는 제주 사투리인 '올레'. 대문에서 마을 어귀로 나아가는 '올레길'이 만들어지고 있다는 소식을 처음 들었을 때는 심드렁했다. 어쩌면 제주도 자체가 내게는 심드렁했는지도 모르겠다. 섬이 가진 고유의 색을 잃어 가고 있는 제주도. 볼 장 다 본 권태기의 연인들처럼, 가면 좋지만 더 이상 끌릴 것 없는 관광지, 제주도.

왕복 비행기 요금을 생각하면 오래 머물수록 남는 장사라는 주장을 펼치며 늘 일주일씩 제주를 여행했다. "마이카로 제주 여행"을 외치던 남편은 아예 차를 배에 실어 제주의 구석구석을 헤매고 다니기도 했다. 중산간 지대의 원시림인 교래리, 현무암이 파도를 치는 방선문 계곡까지. 일주일 내내 바닷가에만 머물기도 했다. 그러니 이후의 제주 여행은 이전 여행의 재탕, 삼탕이었다. 새로울 것이 없는 섬인 것이다. 사람들의 흥미를 유발하는, 제주와는 동떨어진 주제의 박물관들만 늘어나고 있을 뿐.

제주의 올레길이 공개된 후 마음이 홀린 것은 올레길을 처음 만들기 시작한 '사단법인 올레'의 서명숙 이사장의 인터뷰를 접하고 나서였다.

스페인의 산티아고 순례길을 걸으며 고향인 제주의 올레길을 생각했다고.

길에 대한 궁금증보다는, 스페인 땅을 걸으며 우리나라에는 왜 이런 길이 없을까 아쉬워했던 그녀의 마음이 나를 제주로 향하게 했다.

닫혀 있던 목장 문을 열게 하고, 마을과 바다, 바다와 오름을 연결하고 길을 낸 그녀의 열정과 수고는 내가 상상하는 이상이겠지만, 올레길 모퉁이마다 화살표를 그리며 그녀가 마음속에 품었을 꿈이 무엇인지는 어렴풋이나마 알 수 있다.

걷는 사람이 주인이 되는 길, 누구나 길의 주인이 될 수 있고, 자신이 서 있는 곳이 세상의 중심임을 느끼게 되는 길.

과연 제주 올레는 어떤 길일까?

올레길을 걸으며

2월의 제주는 겨울에서 한참을 벗어나 있다. 하얀 눈이 덮인 한라산 정상의 풍경을 배경으로 노란 유채꽃이 흐드러지고, 걷는 동안에 배낭과 등판 사이에 땀이 배어 마치 봄날 같다.

올레의 1 코스인 제주 동부에서 시작해 남쪽의 9 코스까지, 밤마다 발가락에 잡힌 물집을 터뜨려가며 열심히 걸었다. 첫날은 내가 알고 있던 것과는 또 다른 성산의 풍광에 화들짝 놀라고, 둘째 날은 바다에서 오름으로, 오름에서 다시 바다로 끊임없이 이어지는 길에 감동하고, 다섯 시간을 넘게 바다 풍광을 끼고 갈 때는 내가 걷는 것인지 길이 걷는 것인지 헷갈려 하다가, 코스 6에 이르러서는 내가 취해 있음을 알았다. 걷고 있는 것은 몸뚱이지만 정작 가고 있는 것은 마음이 아닌가.

7 코스와 8 코스를 건너뛰는 대신 8 코스의 중간 지점인 논짓물에 숙소를 잡고 3일 동안 아침마다 바다산책에 나섰다. 진짜 제주 사람처럼 올레를 걸어본 것이다. 아침 바다 위에 보석을 뿌린 듯 반짝이는 물결 위로 감사의 마음을 전했다. 바다 위의 은빛 반짝임은 바로 내 안의 그것이 아닌가. 진공청소기가 먼지를 삼키듯 켜켜이 쌓였던 마음의 찌꺼기들은 어디론가 사라지고 거기에는 오롯이 마음이 반짝이고 있다. 숙소에서 논짓물로 가는 나만의 올레길에서 얻은 깨달음이었다.

마지막 9 코스인 안덕계곡을 빠져나와 화순해수욕장에 도착했을 때는 해가 지고 있었다. 다음 날 집으로 돌아오는 비행기를 타야 한다는 아쉬운 마음에 쓸쓸함까지 더해주는 시간. 해가 뜨는 동쪽에서 시작해 해가 지는 이곳까지 걸었던 기억이 아스라하다.

만들어가는 길

목장을 가로지르고 해안을 따라 걷는 올레길은 정확하게 말해 길은 아니다. 길은 없다. 끊어진 길을 사람이 걸어서 새로운 길을 내는 것이다. 콘크리트로 옹벽을 치고 아스팔트를 깔아 만든 길이 아니라 사람의 발자국으로 만들어가는 길이다.

관광지를 순례하던 사람들이 진짜 순례에 나선다. 소비하며 즐기는 것이 아니라 몸을 움직여 느끼기를 원하는 사람들이 파란색 화살표를 따라 바닷가를 걷는다.

저만치 한 사람이 걷고 있다. 자신의 호흡에 집중하고 내면이 들려주는 소리에 귀 기울이며 한 걸음 한 걸음 옮기고 있다. 내 옆으로도 나의 길동무가 걷고 있다. 말없이 걷는 그의 얼굴에 행복한 땀방울이 맺혀 있다. 보이지는 않지만 감동 어린 발자국들이 길 위에 가득하다. 올레길이 아름다운 것은 숨겨져 있던 제주의 풍광 속에 사람이 있기 때문이다.

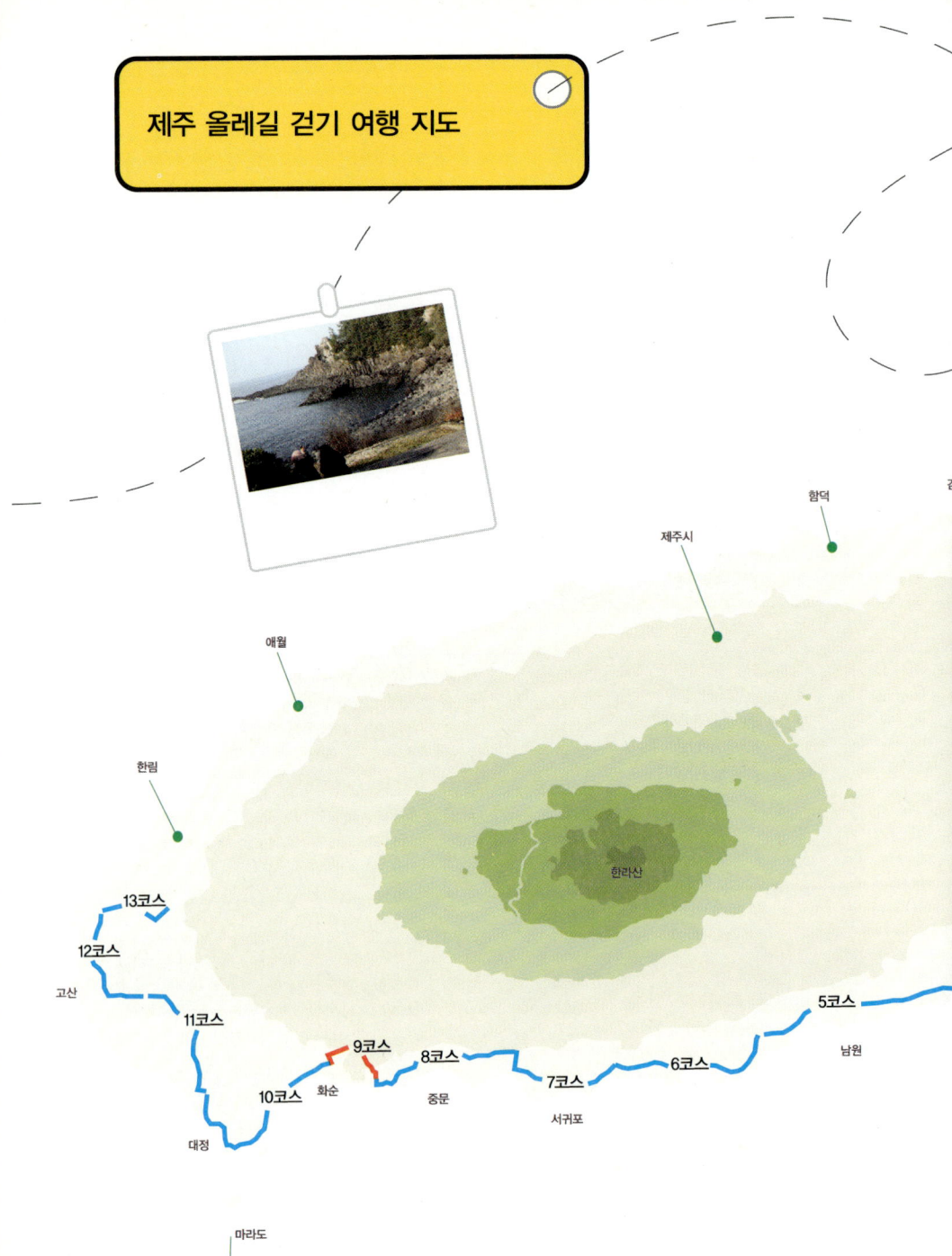

제주 올레길 걷기 여행 지도

제주시

함덕

김

애월

한림

한라산

고산

13코스

12코스

11코스

10코스

9코스

8코스

화순

중문

7코스

서귀포

6코스

5코스

남원

대정

마라도

• 숙소 정하기

아이들을 데리고 걷는다면 하루에 한 코스를 걷기도 빠듯하다. 그렇다고 각 코스를 걸을 때마다 새로운 숙소를 잡을 수는 없는 일. 3개 정도의 코스 중간 지점에 숙소를 잡고 대중교통을 이용해 움직이거나 숙소의 사장님께 도움을 얻는 것이 좋겠다.

활동하고 있어 올레에 대한 정보를 얻을 수 있고 친절하게 픽업서비스도 해주신다. 나 홀로 올레꾼을 위한 도미토리도 있다.

숙박비 독채 40,000~60,000원, 도미토리 이용료 1인당 10,000원

문의 전화 011-698-8805

• 추천 숙소

〈1코스~3코스〉-둥지민박

코스 2의 혼인지 인근에 있는 민박. 각 숙소가 독채로 이루어져 있어 가족이 사용하기에 좋다. 식당을 운영하고 있어 아침과 저녁 식사를 할 수도 있다. 무엇보다 민박 사장님이 올레지기로

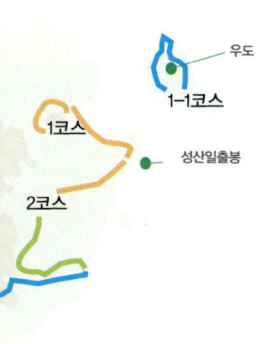

우도

1-1코스

1코스

성산일출봉

2코스

표선

〈4코스~6코스〉-와하하게스트하우스

표선해수욕장 인근의 바다가 코앞인 숙소. 유채꽃밭과 눈부신 바다가 와하하게스트하우스의 마당. 각 방마다 취사시설이 있고 다락이 있어 아이들이 좋아한다. 또한 인터넷도 연결되어 있다. 방이 4개뿐이라 예약은 필수. 깔끔한 도미토리에서 묵으며 다른 여행자들과 어울리면서 특별한 추억을 만들어보는 것도 좋겠다. TV 프로그램인 〈1박 2일〉의 촬영지이기도 하다.

숙박비 콘도식 원룸 40,000~50,000원, 도미토리 이용료 1인당 15,000원

문의 전화 (064)787-4948

• 교통편

둥지민박에 묵을 경우 : 제주공항에서 100번 버스를 타고 제주시외버스터미널로 간다. 거기서 성산 가는 시외버스를 타고 온평리에서 내려 택시를 탄다. 둥지민박까지 요금은 4,000원 내외. 둥지민박 사장님께 미리 전화하면 온평리까지 마중을 나와주신다.

와하하게스트하우스에 묵을 경우 : 제주공항에서 100번 버스를 타고 제주시외버스터미널로 간다. 거기서 표선행 시외버스를 타고 표선해수욕장에서 내린다. 택시를 타면 3,000원 내외. 전화하면 사장님이 픽업해주신다.

제주 올레길 걷기 여행 지도-코스 1
시흥에서 광치기해변까지 (올레길 1코스)

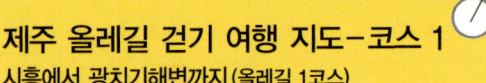

7 일주도로교차로
8 종달초등학교
6 중산간도로
10 종달리 해안도로
1 시흥초등학교
Start
11 시흥해녀의 집
5 알오름
3 말미오름
2 목장으로 가는 길
성산갑문
14 수마포
성산일출봉
13
15 광치기해안

1. 시흥초등학교
코스 1의 출발점. 시흥초등학교 교문을 바라보고 서면 왼쪽에 목장으로 올라가는 길이 있다.

5. 알오름
알오름에는 말 방목장이 있다.

7. 교차로를 지나 바다 쪽으로
교차로를 건너 종달리로 간다.

3. 말미오름
말미오름에서 오른쪽으로 길을 잡는다.

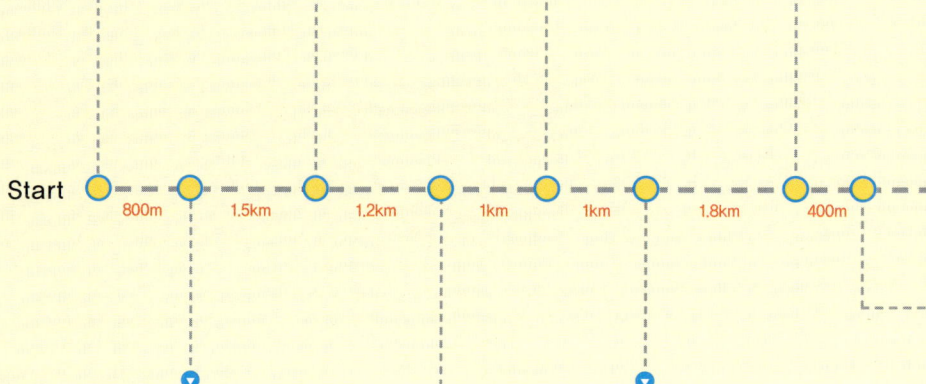

Start　800m　1.5km　1.2km　1km　1km　1.8km　400m

2. 목장으로 가는 길
현무암으로 담을 쌓은 밭을 지나서 목장으로 간다.

6. 중산간도로
알오름에서 내려와 중산간도로를 만나면 오른쪽 바닷가를 향해 내려간다.

4. 목장을 지나
목장으로 내려갔다가 다시 알오름으로 오르게 된다.

8. 종달초등학교

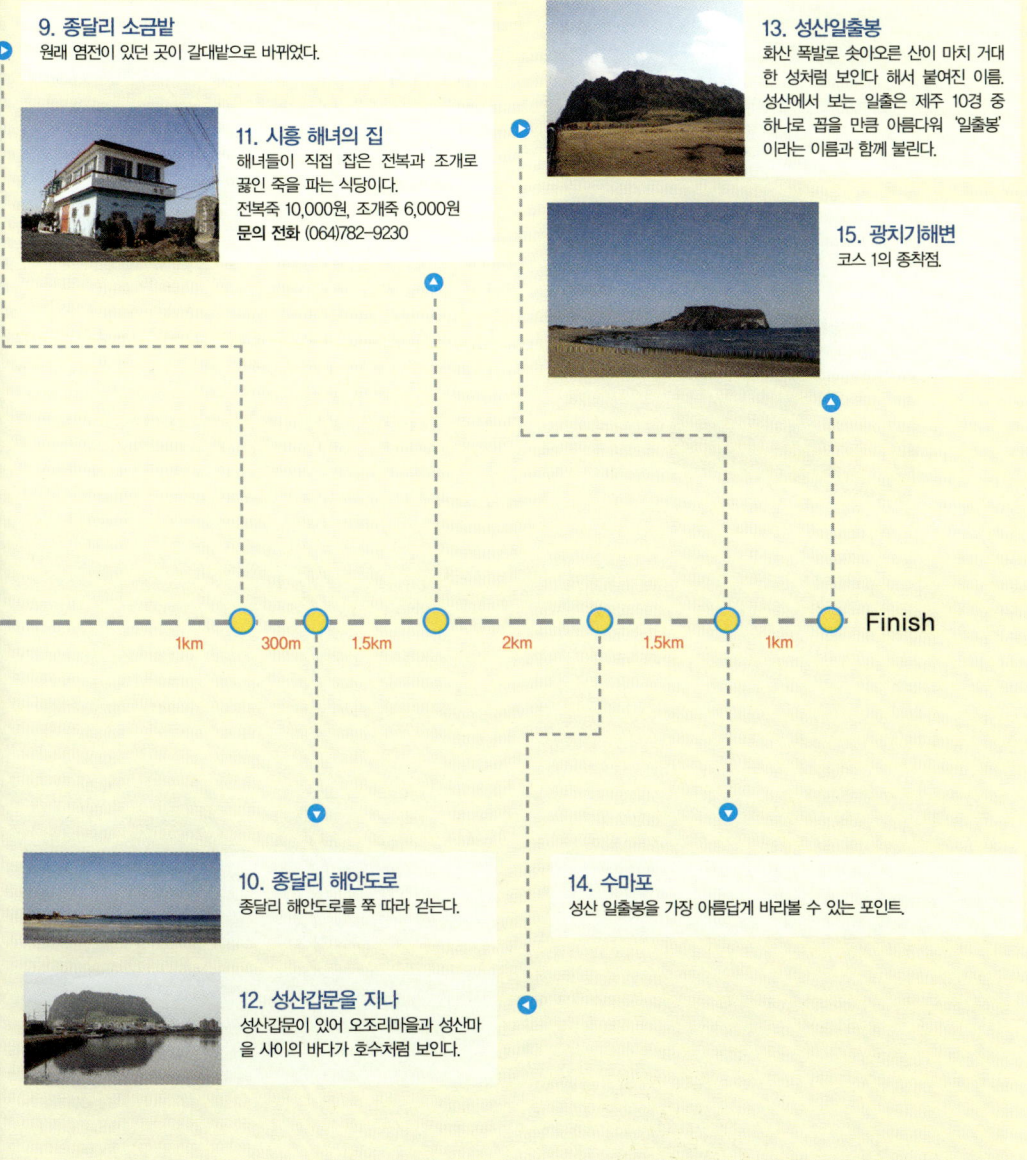

9. 종달리 소금밭
원래 염전이 있던 곳이 갈대밭으로 바뀌었다.

11. 시흥 해녀의 집
해녀들이 직접 잡은 전복과 조개로 끓인 죽을 파는 식당이다.
전복죽 10,000원, 조개죽 6,000원
문의 전화 (064)782-9230

13. 성산일출봉
화산 폭발로 솟아오른 산이 마치 거대한 성처럼 보인다 해서 붙여진 이름. 성산에서 보는 일출은 제주 10경 중 하나로 꼽을 만큼 아름다워 '일출봉'이라는 이름과 함께 불린다.

15. 광치기해변
코스 1의 종착점.

1km　300m　1.5km　　　2km　　1.5km　1km　Finish

10. 종달리 해안도로
종달리 해안도로를 쭉 따라 걷는다.

14. 수마포
성산 일출봉을 가장 아름답게 바라볼 수 있는 포인트.

12. 성산갑문을 지나
성산갑문이 있어 오조리마을과 성산마을 사이의 바다가 호수처럼 보인다.

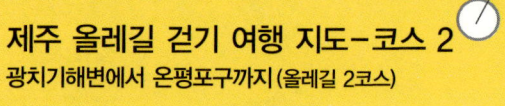

제주 올레길 걷기 여행 지도-코스 2

광치기해변에서 온평포구까지 (올레길 2코스)

2 방조제를 따라

오조리

성산일출봉

고성 5일장 5

홍마트 앞 건널목

횡단보도

광치기해변

대수산봉 8

5 고성 윗마을

중산간도로 10

섭지코지

혼인지 11

12 온평포구

7. 대수산봉 가는 계단
계단을 오르면 아름다운 숲길이 이어진다.

10. 중산간도로
농장을 빠져나오면 중산간도로와 만난다.

9. 정상에서 내려오면
현무암으로 구획을 나눈 농장을 지난다.

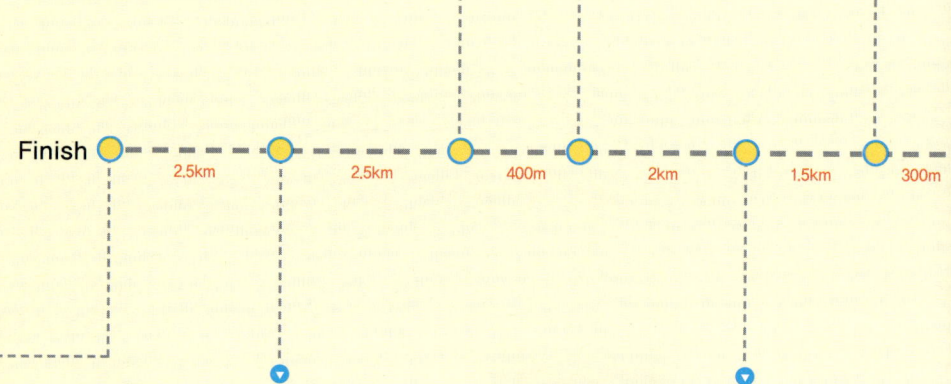

Finish

2.5km　2.5km　400m　2km　1.5km　300m

11. 혼인지
제주의 옛 신화에 나오는 삼신인이 세 공주와 결혼한 곳. 혼인지에서 나오면 아스팔트 포장 도로를 따라 온평포구로 가게 된다.

8. 대수산봉 정상
제주의 동쪽 해안이 한눈에 들어온다.

12. 온평포구
코스 2의 종착점.

5. 고성 윗마을
홍마트가 보이면 횡단보도를 건너 마을길로 들어선다.

1. 광치기해변 앞의 해안도로
1코스의 종착지였던 광치기해변에서 코스 2를 시작한다. 횡단보도를 건너 오조리마을로 향한다.

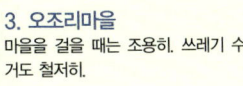

3. 오조리마을
마을을 걸을 때는 조용히. 쓰레기 수거도 철저히.

Start

1km 1km 2km 1km 200m

6. 마을 위 산모퉁이를 지나
작은 밭과 무덤이 있는 산길이다.

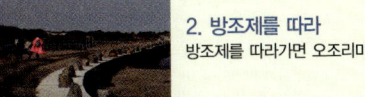

2. 방조제를 따라
방조제를 따라가면 오조리마을.

4. 고성 5일 장터
오조리마을을 벗어나면 잠시 번잡한 읍내를 지나야 한다.

제주 올레길 걷기 여행 지도-코스 3

태평포구에서 화순항까지 (올레길 9코스)

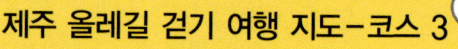

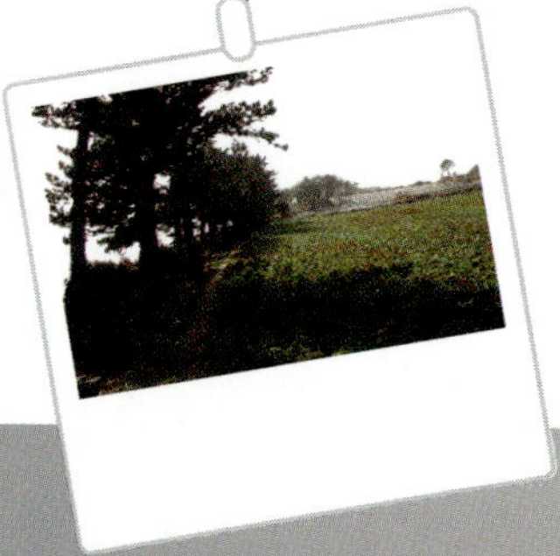

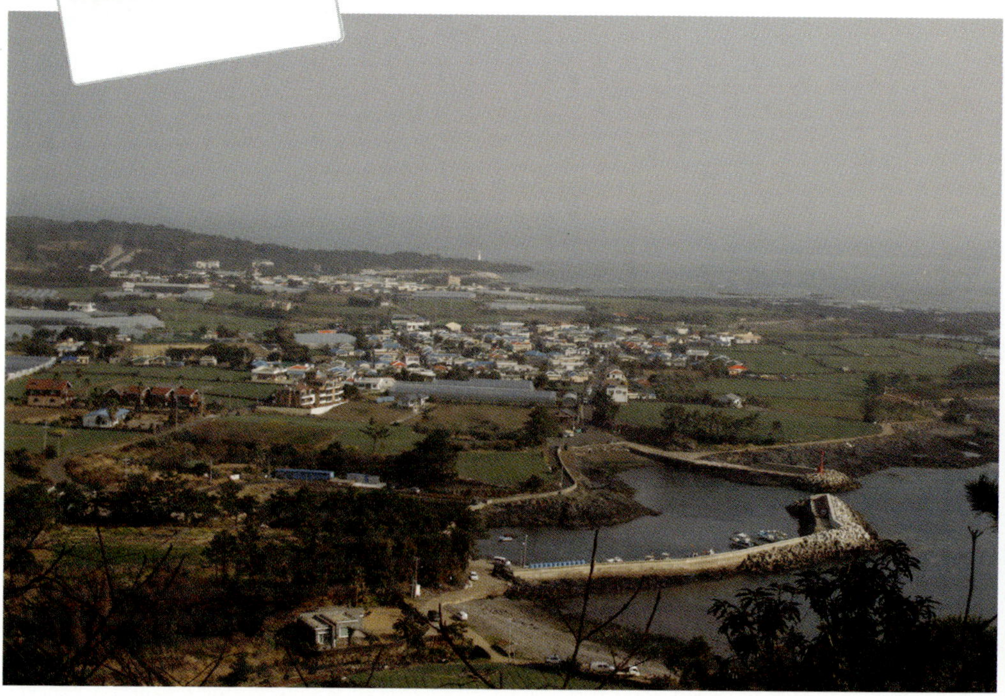

12 가세기마을

안덕계곡 11

9 진모르동산

13 화순항 가는길

화순해수욕장

14 동하동마을

대평포구
1

몰질 2

15 화순선주협회
사무실

8 황개천

다리

6 봉수대

3 박수기정 정상

조순다리

5 볼레낭길

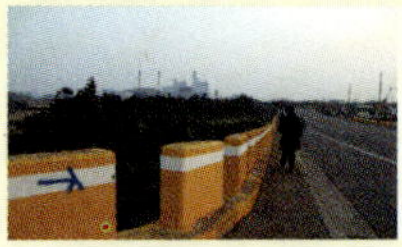

13. 화순항으로 가는 길
가세기마을을 빠져나오면 아스팔트 포장 도로와 만난다.

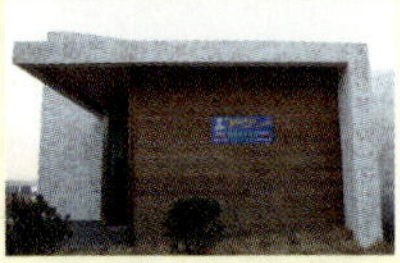

15. 화순선주협회사무실
코스 3의 종착점. 화장실은 아니다. 화장실은 오른쪽으로 20여 m 가면 있다.

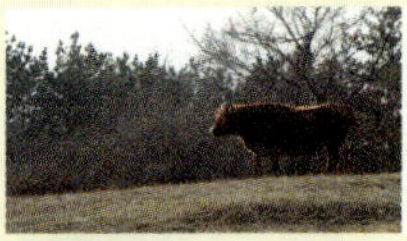

9. 진모르동산
소를 방목하고 있는 언덕이다. 안덕계곡이 왼편으로 흐르고 있다.

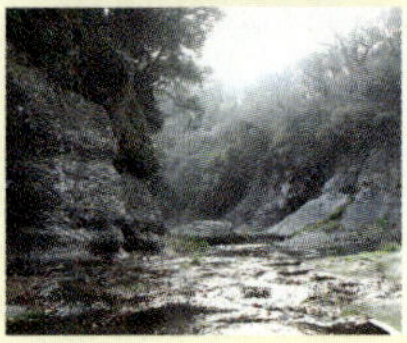

11. 안덕계곡
제주의 숨은 보석과도 같은 안덕계곡의 절경.

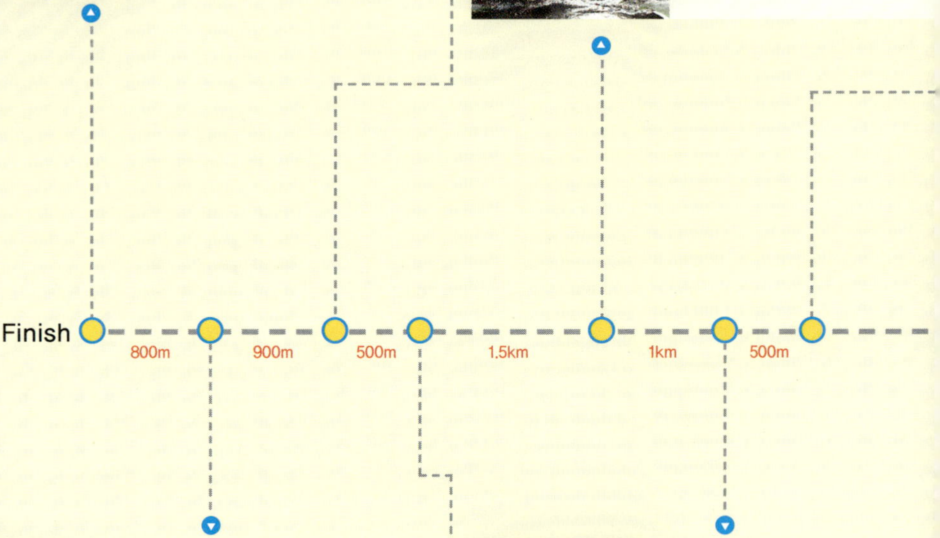

Finish

800m   900m   500m   1.5km   1km   500m

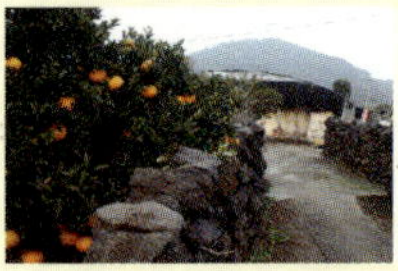

14. 동하동마을
마당에서도 귤나무를 키우는 마을 풍경.

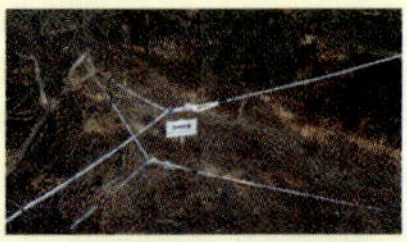

10. 계곡을 따라가는 길
안전 로프가 설치되어 있기는 하지만 조심해서 가자.

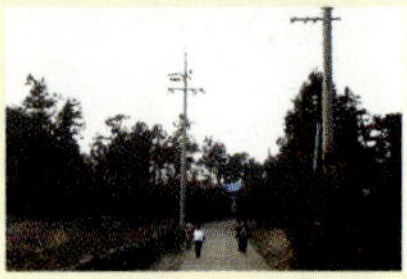

12. 가세기마을
귤농장이 있는 작은 마을이다.

5. 볼레낭길
보리수나무와 소나무가 어우러진 호젓한 길이다.

1. 대평포구
코스 3의 시작점.

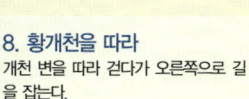

7. 박수기정의 전경
대평포구 쪽에서는 보이지 않았던 박수기정의 모습이 내려와서야 보인다.

3. 박수기정의 정상
'기정'은 벼랑의 제주 사투리. 박수기정은 벼랑 아래 암반에서 1년 내내 암반수가 솟아 바가지로 물을 떠 마셨다고 해서 붙여진 이름. 벼랑 아래에서 '조슨다리'로 정상까지 올라갈 수도 있지만 너무 가파른 길이라 위험하다.

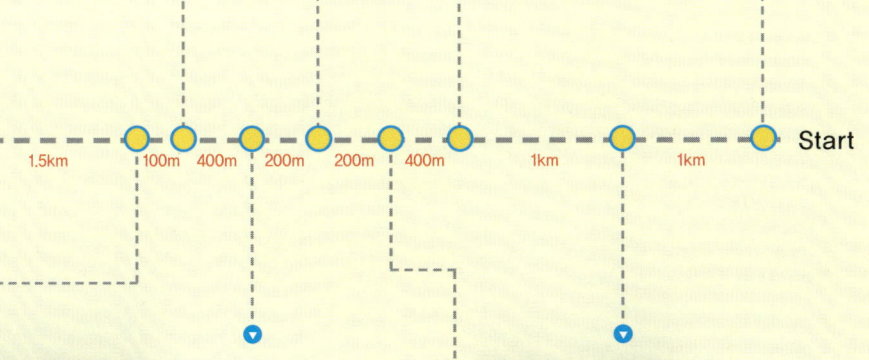

1.5km   100m   400m   200m   200m   400m   1km   1km   **Start**

6. 봉수대
흔적만 남아 있는 봉수대를 지나면 내리막길이 시작된다.

2. 몰질을 따라 오르는 길
몰질은 '말을 몰고 다니는 길'이라는 뜻의 순우리말.
위쪽의 넓은 밭에서 키운 말들을 몰아서 내려오던 길이다.

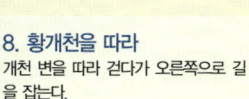

8. 황개천을 따라
개천 변을 따라 걷다가 오른쪽으로 길을 잡는다.

4. 기정밭
벼랑 위에 넓게 펼쳐진 밭이다.

KI신서 2061

생각이 깊은 아이로 키우는
걷기여행

1판 1쇄 인쇄 2009년 9월 9일
1판 1쇄 발행 2009년 9월 21일

지은이 박성원 **펴낸이** 김영곤 **펴낸곳** (주)북이십일 21세기북스
기획·편집 나은경, 김선미, 김순란 **디자인** 디자인밥 **영업** 서재필, 이희영, 최창규, 김보미
출판등록 2000년 5월 6일 제10-1965호
주소 (우413-756) 경기도 파주시 교하읍 문발리 파주출판단지 518-3
대표전화 031-955-2100 **팩스** 031-955-2151 **이메일** book21@book21.co.kr
홈페이지 www.book21.com **커뮤니티** cafe.naver.com/21cbook

값 12,000원
ISBN 978-89-509-2011-1 03980